手作包

布·只是时尚

MY BAG IS FASHION

张韵 著

河南科学技术出版社

·郑州·

目 录

PART 3 重点装饰 POINT DECORATION

PART 4 特别元素 SPECIAL ELMENT

壁饰

HOW TO MAKE 72～112

GREEN

Welcome to GREEN
open 11:30 – 23:30

作者的话

坐在东京猿乐町GREEN Deli的落地窗边，看着窗外光影与喷泉轻快地共舞着，摆放满满精致甜点的透明保鲜柜上方，一摞摞五彩缤纷的餐盘，搭着黑白色系的桌椅，这正是我最喜爱的色调。

这一年来有四分之一的时间待在东京研习机缝拼布技巧，往返的空当里，总是习惯待在某个角落，握着画笔在手札上一页又一页地填满……这本书的原稿因而诞生了。

这些年来，我执着、努力地想要创造一个属于台湾原创的拼布品牌，虽然时有面对许多不尊重着作权与大环境变化的打击，但清楚明白自己需要更多的勇气，去坚持原有的初衷。偶而在街上与自己创作的作品错身而过时，心中有种无法言喻的喜悦，那份感动久久不能遗忘……因为如此，让我再一次想与大家分享拼布的幸福。

色彩绝对是作品的灵魂。在教学过程中，最令我感到骄傲的就是协助大家配色，我乐于依照每个人的喜好、风格及气质搭配出属于他自己的色彩，让每一件作品可以激发出不同的表现，这就是我最大的成就。

品牌的诞生与传承，除了我和“布言布语”的伙伴们持续不断的创作及坚持，更需要你们的支持，谢谢，谢谢你们！

張韵

布言布语拼布教室策划团队

ANN 邱、ANGELA 钟、EVON 刘、WEI WEI 洪

http://www.cottonlanguage.com.tw/

E-mail:service@cottonlanguage.com.tw

PATCHWORK MAGIC

如同魔术师般在布片间施展魔法，
依今日心情游玩拼布吧！

PART 1 拼接的魔术

使用黑底英文字母的布片当主轴，搭配色彩柔和的粉红点点布与水蓝色布片，刚中带柔拼接出英式风情，右侧绑上缎带，名媛气质满点。

HOW TO MAKE P.76

"L'oiseau medit dans les charmilles,
Et pretend qu'hier Atala
Avec un Russe s'en alla. Ou
vont les belles filles. Lon la.

伦敦星光 I

直条纹＋V形拼接，
可提可背，学院风十足。

伦敦星光 II

Back Look

Back Look

混淆似编织的“井”字技法其实是用拼接组合而成，
侧边巧妙用桃紫色的织带增加整合色彩，
再加上巧思的相框当装饰与口袋，
想要特别吗？就看你是否细心品味生活。

HOW TO MAKE P.110

似曾相识

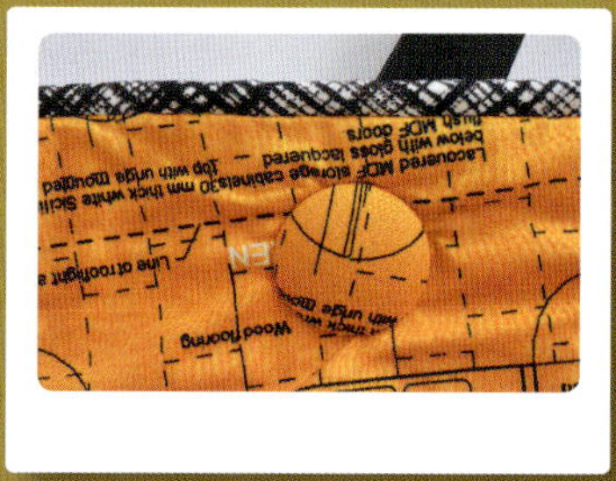

HOW TO MAKE P.100

黑与黄的色彩组合让人联想到西班牙的马德里，三角形的拼接可因摆放位置而产生不同的风情，如三角形的尖点相对就出现了可爱的蝴蝶，一起结伴去旅行吧！

马德里
Madrid

Back Look

以不同颜色与配色布的组合，亮度及色彩略有不同，包包的风貌也会截然不同。

HOW TO MAKE P.84

聚光灯

以女王图案布为主，混合搭配几何图形、点点、文字图案等配色布，再运用梯形布块拼接即成，如同聚光灯落在主角身上，闪耀着迷人气息的魅力袋物。

OTHER MATERIAL

金属链、麂皮、蕾丝、塑胶黑环等，
与多种素材组合，装饰自我的个性袋子。

PART 2 其他素材

金属链+麂皮链绳&蕾丝的项链

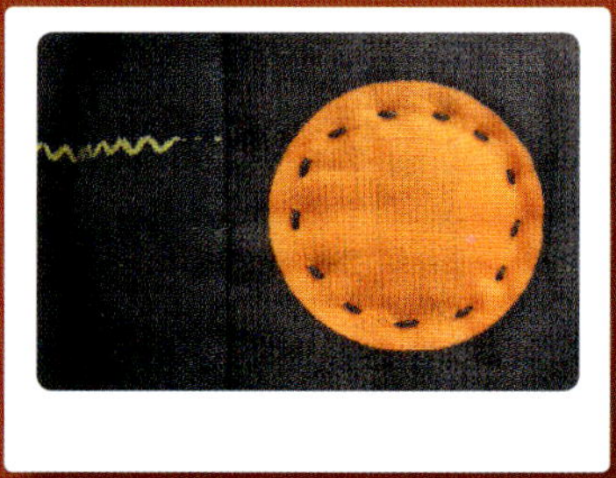

裁宽窄不同的直布条拼接成主布，虽以黑色和橘色为主色，中间巧妙加上色彩度较高的黄色做点缀，另外加入金属链与麂皮链绳，宛如即将去参加摇滚派对狂欢。

HOW TO MAKE P.73

禁锢之心

PART 2 其他素材

塑胶黑环+黑纱网SQ

在大格子布上贴缝白色与黄色的文字图案布，上方再盖上黑纱网增加朦胧感，组合成如同四方形拼接的简单线条。以此表达难解的爱情难题，换个想法就很容易理解了。

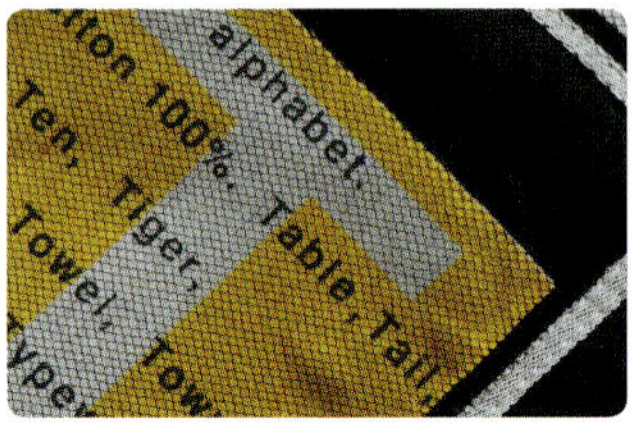

HOW TO MAKE P.79

?*/&
爱情难题

白金扣环＋金属链

抽褶布条的装饰，
使数条直线拼接的盖子布，
更凸显现代感与立体感……
运用白金扣环可组合两个袋子或一袋单用，
不论是把背袋做成单条斜背或是绕成双条侧背，
都是非常实用且百变的设计。

把背袋绕成双条改侧背，名媛气质满分！

HOW TO MAKE P.82

我要我们在一起

Back Look

装饰片

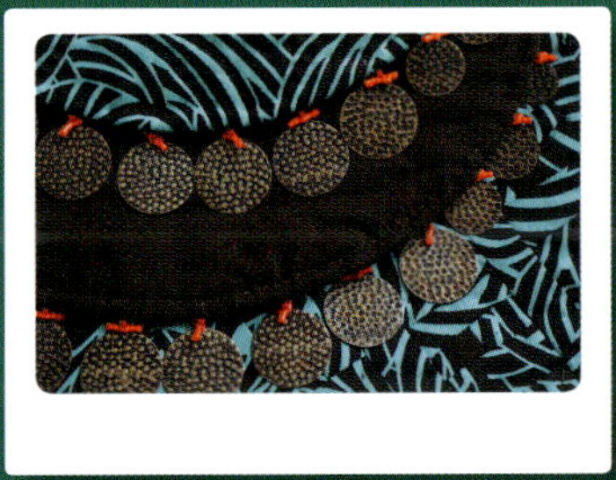

袋身与盖子是一体设计，椭圆形的袋底如同曼妙的曲线，
装饰片的缝合随摇摆而响起，仿佛正婆娑起舞的非洲之舞！

HOW TO MAKE P.94

非洲迷情

运用布面原有的圈圈图案搭配另一面的数字贴缝，
越是简单的图腾却越是藏有深层涵义，时尚密码是我的流行暗号。

圆形提手＋金色锁头

HOW TO MAKE P.102

终极密码

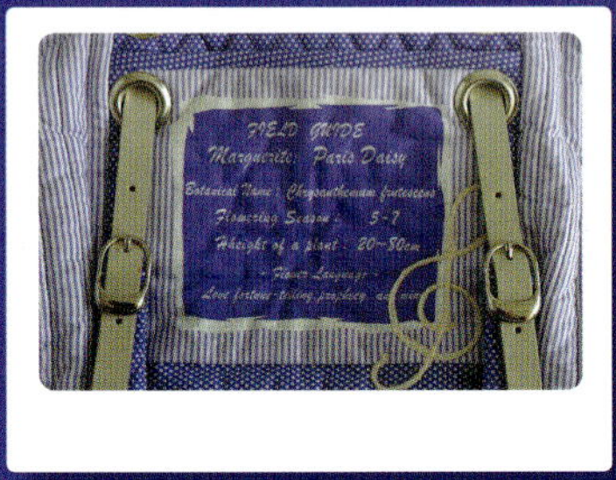

鸡眼扣＋白金锁头

Back Look

HOW TO MAKE P.108

我爱
紫色雏菊

直接运用布的独特设计，将紫色雏菊图案置于两侧，
英文字母部分巧妙地做成前口袋，白金锁头与鸡眼扣的加入，
让唯美清新中又带点时尚风。

Point Decoration

平凡的袋形被重点装饰成不平凡的袋子，
抢眼的魅力焦点诱惑你的眼光。

PART 3 重点装饰

黑桃甜心

黑色＋桃红色的混搭，如同青涩懵懂又爱冒险的少女，
大大的桃红色扣子做重点装饰，青春又甜美。

POINT : BUTTON

HOW TO MAKE P.80

洞洞布＋球球缎带，好像上演着黑色默剧，中间的主角正向热情观众谢幕呢！

POINT : DECORATION

黑心肝

HOW TO MAKE P.81

玫瑰花皱褶化妆包

毛线+收缩衬，简单的方法却令人不易懂的做法，如同拆穿魔法般，说穿了令人莞尔！

POINT : WOOLEN

HOW TO MAKE P.85

俏丽
皱褶手拿包

POINT:WOOLEN

用毛线+缎带表现一圈又一圈的花束，不用太多的言语，即可代表千言万语。

POINT : WOOLEN

HOW TO MAKE P.98

喜气洋洋的桃红教主，用毛线卷曲成花，直接而不矫揉造作，简单就是我的写照。

千红万紫包
Purple

HOW TO MAKE P.105

千红万紫包
Pink

桃红＋紫色的喜气洋洋的元气搭配，
抓皱部分如衬衫上的蝴蝶结装饰，帅气又有型。

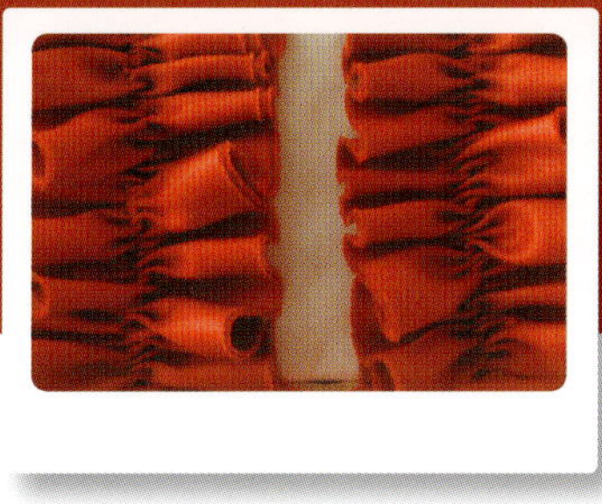

POINT : PUCKER LACE

罗马数字的羊毛布烫上水晶闪闪动人，
休闲与精致风的混搭——玩时尚就是很简单。

HOW TO MAKE P.86

水晶密码

POINT : CRYSTAL

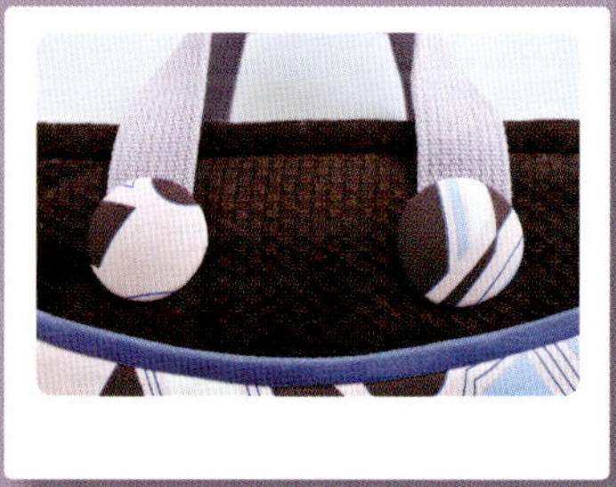

I made it with good materials.

HOW TO MAKE P.46

汪汪大眼睛

有前、后片口袋的设计增加了袋子的实用性，口袋以弧度的曲线设计，再加上用同一片布包上扣子增加了吸睛指数，简单的造型也可以很不简单。

POINT: BUTTON

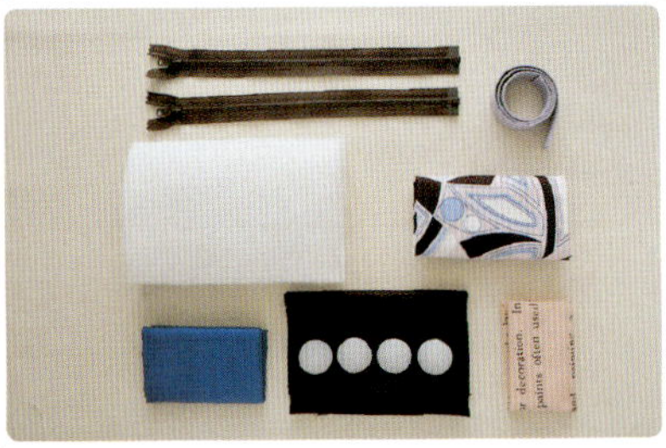

材料

花布：30cm
粉红色布：30cm
咖啡色编织布：30cm
宝蓝色布：30cm
拉链：20cm2条
铺棉
包扣(直径3.5cm)
织带：3cm×60cm

（口袋布）

1 将型板放于花布的正面上方，运用1cm的缝份圈，将表布连缝份画出。

2 裁剪（共需2片）。

3 用喷胶将表布的反面粘贴于铺棉上，再将多余铺棉修剪。

4 另一片布置于步骤3的反面铺棉上（两片布的反面相对，中间夹铺棉）。

5 上方口布及弧度处先疏缝0.5cm。

6 完成图。

6

7 宝蓝色布裁25cm×3cm滚边条。

7

8 将滚边条与表布正面相对，用珠针固定于表布上后车合0.7cm缝份。

(※建议车合于欲做包前面的布片上。)

8

9 翻至反面将滚边包住毛边。

9

10 再用藏针缝缝合完成。

10

11 另一片也用同样方法完成。

11

（前、后片）

12 咖啡色编织布反面烫合铺棉。

12

13 再将型板放于步骤12的正面上方，

用1cm的缝份圈将表布连缝份画出。

14 裁剪完成（需a、b、c、d共4片）。

※ 建议用浅色布时用深色水消笔画线，

若是深色布则用白色水消笔画线。

15 如图将步骤11口袋布放于a片上面，

弧度处先疏缝0.5cm。

16 另一片也用相同方法放于b片上面，

疏缝完成。

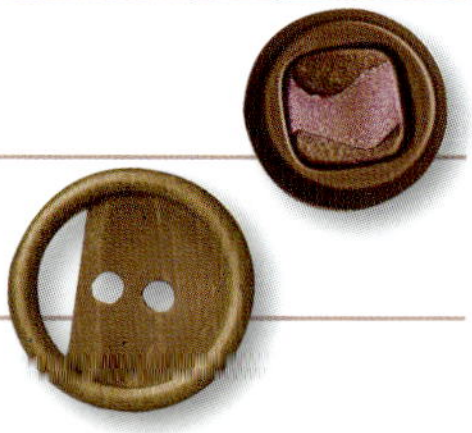

（里布）

17 裁剪粉红色布4片(尺寸已含缝份)。

18 步骤17各两片布正面相对，除上方处不车合之外，其他车合1cm，固定完成里袋。

（侧挡布）

19 裁宝蓝色布7cm×43cm、裁咖啡色编织布7cm×43cm，反面各烫贴上铺棉(尺寸含缝份)。

19

20 步骤19的两片布正面相对，左、右侧用珠针固定车合1cm。

20

21 翻至正面，再上、下侧边疏缝0.7cm，完成侧边。

（可大针脚车合使其略固定。）

21

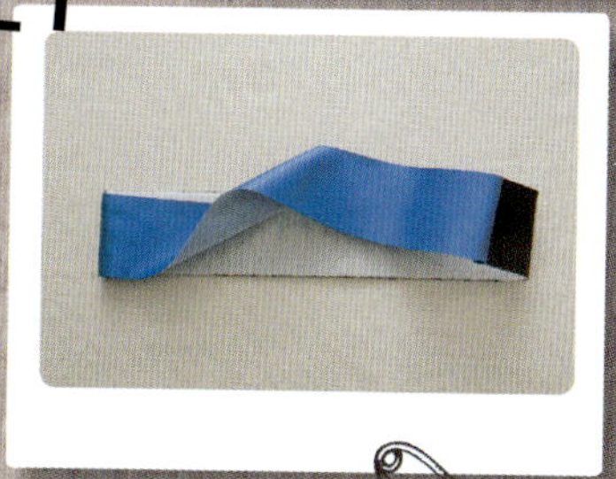

（组合）

22 将侧挡布与a、b片正面相对用珠针固定再车合（侧挡布需对齐后片）。

22

23 步骤22完成图。

23

24

24 将侧挡布如图折好，再盖上步骤14的c片布正面相对。

25

25 用珠针固定后车合弧度处。

26

26 翻至正面。

27

27 最后再将步骤14的d片布正面相对。

俯视图。

28 用珠针固定，再车合弧度处。

28

29 完成后翻至正面。

29

30 将步骤18的里袋套入表袋内。

30

31 裁斜纹滚边布，宽4cm，长需比袋口处多3cm左右，如图滚边布与袋口处正面相对用珠针固定。滚边后上拉链。

31

32 滚边完成。

32

33 包扣包上布后，缝在织带上固定当提把即完成。

33

银河晚宴包

折大、小几个圆缝合固定即可变成法式皱褶装饰，其实只要加些巧思，装扮得宜，今晚的宴会谁能比我更吸引目光！

POINT: FRENCH FABRIC FOLD

HOW TO MAKE P.104

法式布褶折法使用示范

1 裁剪大小不等的几个圆。

1

2 先对折，再如图随性折叠，尖端处用线疏缝固定。

2

3 其他的圆也都用同样方法折好，尖端处用线疏缝固定。

3

4 依喜好将不同素材的布与图案重叠，在折叠处内侧缝合固定即完成。

4

SPECIAL ELMENT

大胆使用特别元素挑战传统，创造新时尚拼布，
只要敢突破，冲突的美学就在瞬间成就。

PART 4 特别元素

A diller, a dollar,
A ten o' clock scholar;
What makes you come
so soon?

HOW TO MAKE P.78

毛怪

菱形格的拼接再运用纱网、毛绒绒的草绿色毛线当装饰，
提手处的毛线故意如同流苏般呈现自然下垂，
有些怪异却意外有魅力的袋子就诞生啰。

POINT：毛线＋拼接

盖子掀开图

布上的大图案用毛线缝合一圈固定，
看上去好似贴布缝的技法；
前盖加上金属锁头与扁平环，
让触感温柔的布包又带些时尚风，
这就是自我风格。

HOW TO MAKE P.96

脱线女王

POINT：毛线勾边

毛线缝合固定示范

1

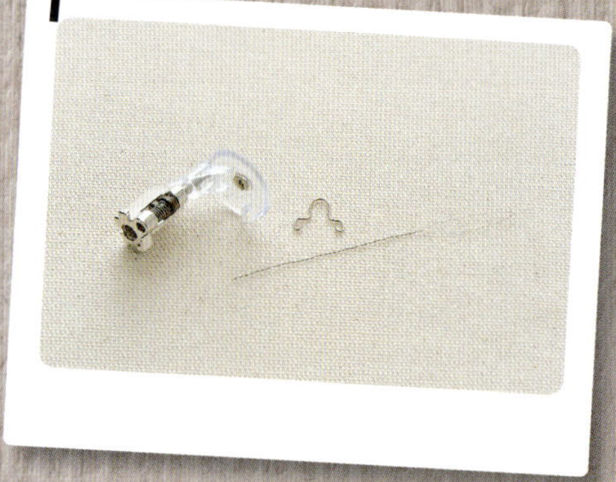

1 运用43号压布脚（示范为640机型，只要是Bernina缝纫机都可以使用）。

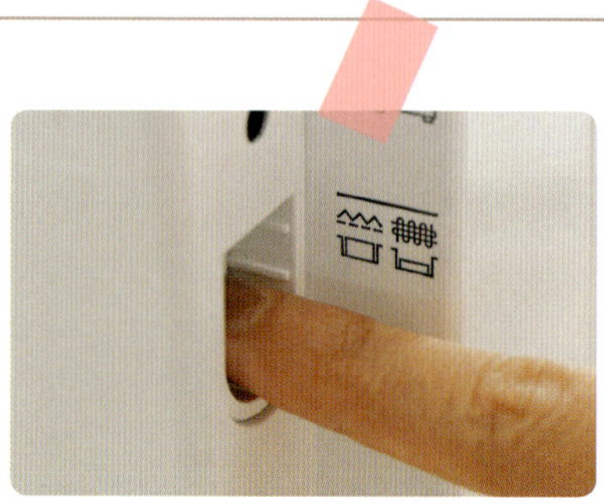

使用时缝纫机需降下送布齿。

2

2 如图取出切线器。

3

3 铁环挂在切线器上，再推入钩上毛线。

4

4 用压布脚所附的穿线器穿入毛线后，先横向穿入。

5 再垂直穿入毛线。

6 穿线完成。

7 上、下放入车缝线。

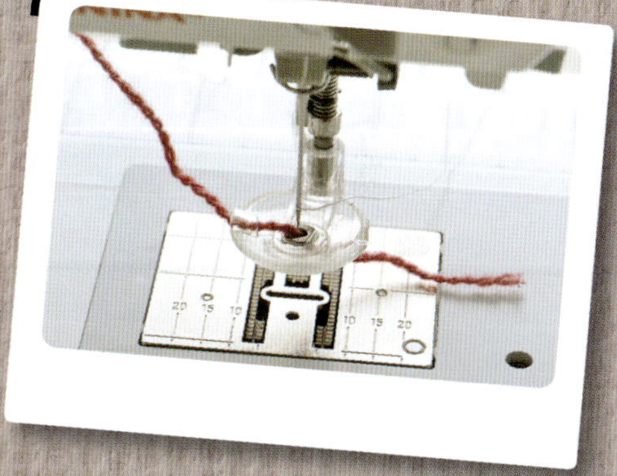

8 准备将毛线缝合固定于布上，缝合起点处与终点处都需在原处多车几针打结以加固。

示范完成图。

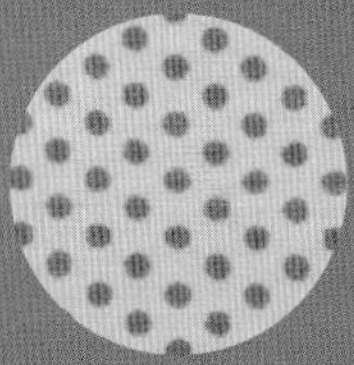

将布裁剪成圆形，运用纱网再压线固定于主布上，
一圈圈仿佛是可口诱人的法式点心马卡隆呢！

HOW TO MAKE P.88

马卡隆
Macaroon
POINT：纱网＋贴布缝

呵护的爱

拼接不规则的数片布，加上纱网多了朦胧效果；
袋口下方依偎着小零钱包，除了增加方便性与设计感之外，
这款母子袋看上去甜蜜又温馨！

POINT：纱网＋拼接

HOW TO MAKE P.74

纱网固定示范

1 换自由曲线压布脚，与毛线素材的使用示范相同，需降下送布齿。

2 将纱网置于布上，车合时纱网要拉平整再车合。

此时也可以在上面再车合上毛线装饰。这样又可变化出不同的效果。

1

2

HOW TO MAKE P.106

口是心非

将配色布剪成方圈圈好似“口”贴布缝于主布上，
周围再用毛线装饰贴布处，
让随身物品分层收纳，轻松携带泡汤去！

秋的多愁善感、秋的变化万千，我用缀布拼接，记录下我心中的小秘密。

HOW TO MAKE P.90

秋

With memories to treasure,
As long as we live,
Each year in its passing
Has something to give,
And each anniversary
Is sweeter, my dear,
Because we have shared
Another glad year

在十字路口有抉择不定的心、想法、行动，
只要乐观选择，每个记录都是成长的足印。

HOW TO MAKE P.92

十字路口

HOW TO MAKE

- 本书示范使用的缝纫机品牌为Bernina 640，故在参阅P.62“毛线缝合固定示范”和P.67“纱网固定示范”时，因缝纫机的功能不同，请依自己所拥有的缝纫机调整制作。
- 裁布时请参考原尺寸图，若无特别说明需外加缝份，尺寸已经含缝份。
- 作品中若无特别指定的单位，均以cm为单位。
- 基本的贴布缝需在裁布时外加缝份0.5cm，拼接的缝份为0.7～1cm。
- 因布在缝合制作时，尺寸多少会缩小，请依自己所需将作品尺寸自由放大。

主布：10色各30cm
胶棉：90cm
坯布：90cm
内里布：135cm
马蹄环：4个
鸡眼扣：8对
皮提手:1副
装饰配件:适量

1 将坯布固定于胶棉上(需外袋前、后片及挡布)。

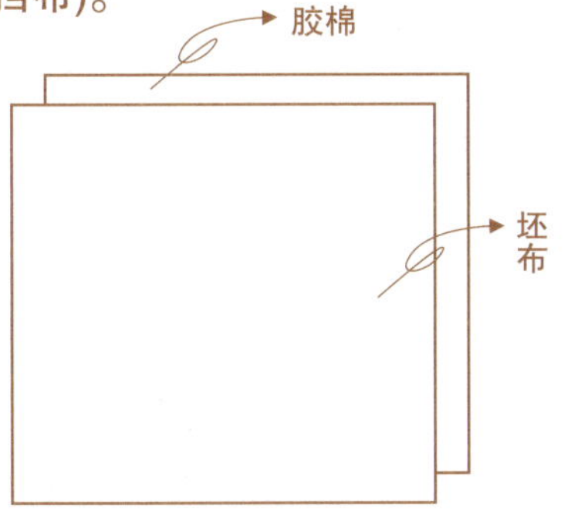

2 将10色花布随意排列后，按所附纸型尺寸依次接合，完成外袋前、后片及挡布。

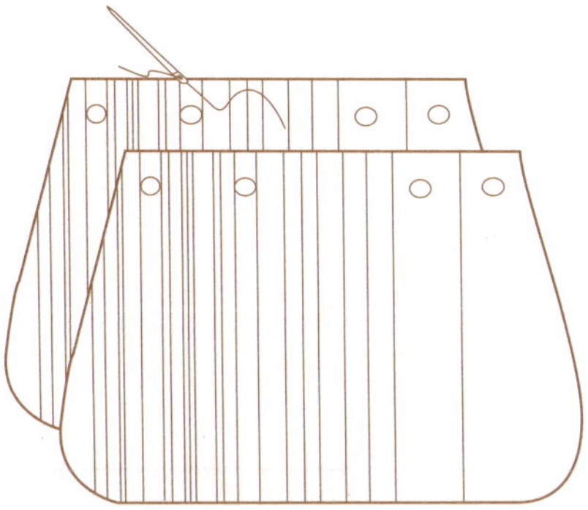

3 侧挡布与前、后片接合，完成外袋。

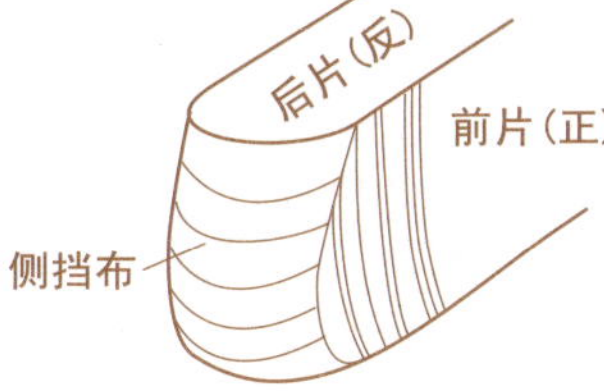

4 内里依外袋尺寸裁剪后车合。

(内里布)

5 取内里布：裁剪斜布纹宽4.5cm滚边条(长约120cm，请量实际袋口周长)，将内、外袋同向套好，缝上滚边条，完成内、外袋接合。

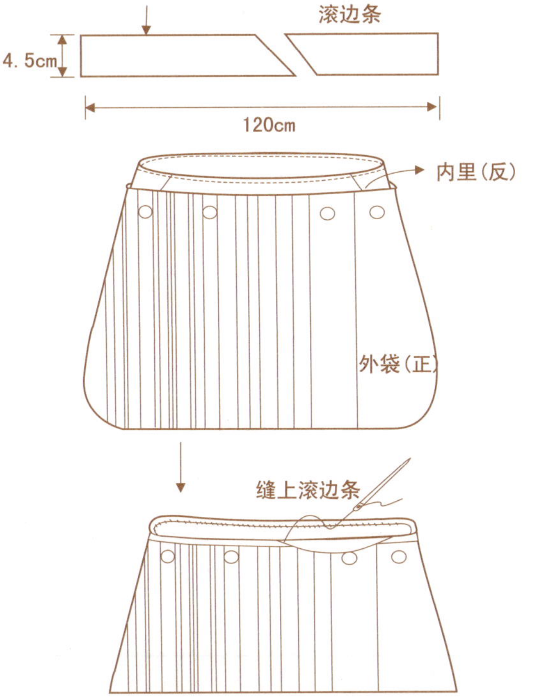

6 按纸型位置钉上鸡眼扣，再装上马蹄环及皮提手，适量的装上配件，就完成了。

完成图

呵护的爱

Page 64

- 配色布：8色
- 黑纱网：20cm×40cm 2片
- 　　　　20cm×15cm 2片
- 提手＋挡布：45cm
- 内袋布：45cm
- 外挂小口袋：主布、内里各30cm
- 拉链：12cm 1条
- 提手：1副
- 铺棉：90cm
- 布衬：45cm

制作外挂小口袋

1 将花布加上黑纱网、铺棉，上内里后压线(可用自由曲线压线，效果较佳)。

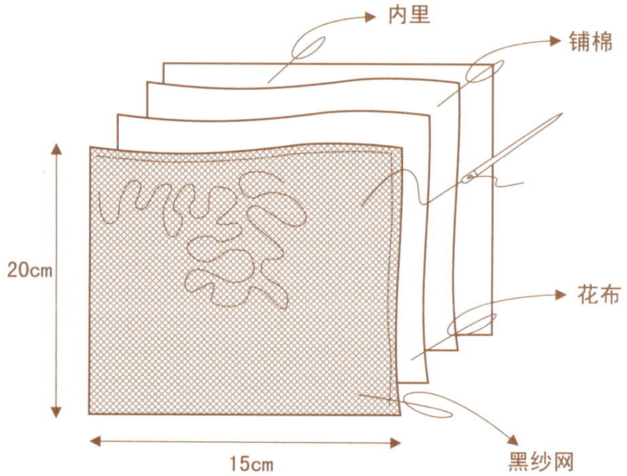

2 将步骤❶的主布依纸型A及B剪裁，B的部分折角，固定。

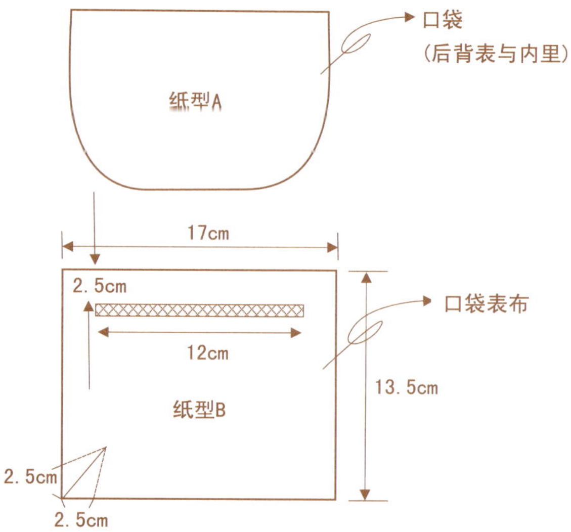

3 于A布上开一口装拉链，如图示位置。

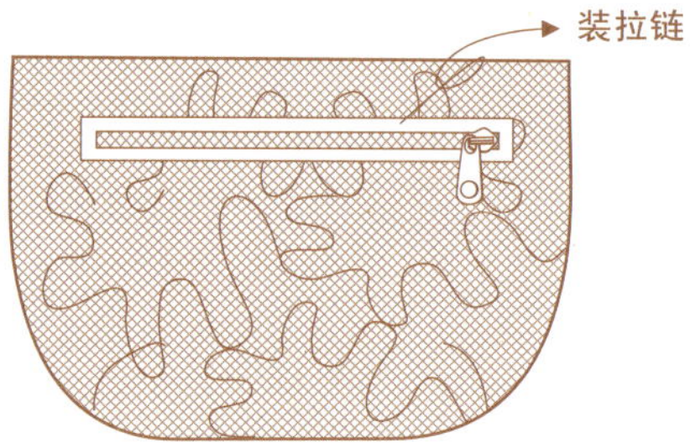

4 A与B中表，车合U形翻至正面，备用。

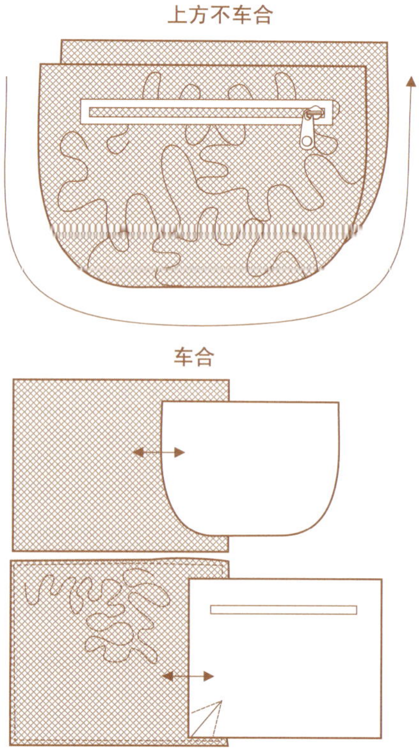

制作主袋

5 依纸型将8色花布依喜好拼接，正、反两面上纱网铺棉，压线(可用自由曲线压线，效果较佳)。

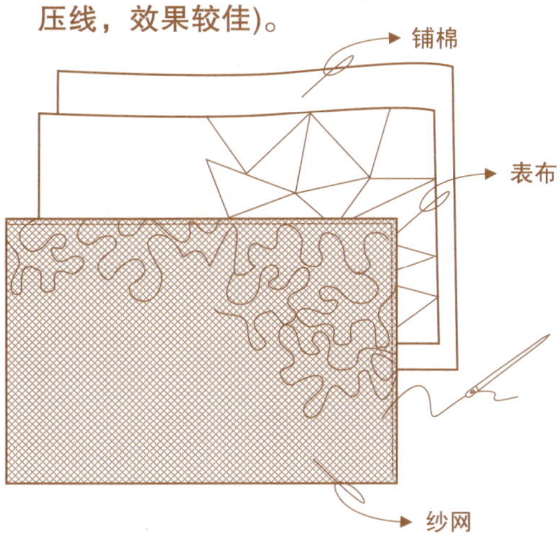

6 将口布及挡布加铺棉、压线(口布可以烫上布衬，增加强度)。

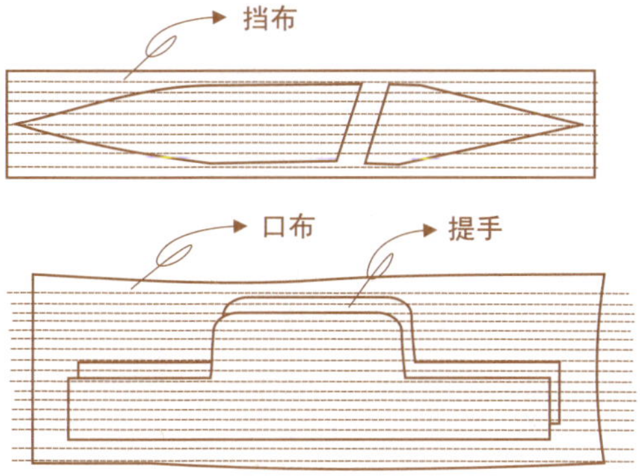

7 将口布与主布(反面)+外挂小口袋，依次接合口布正面亦接合口布+主布(正)。

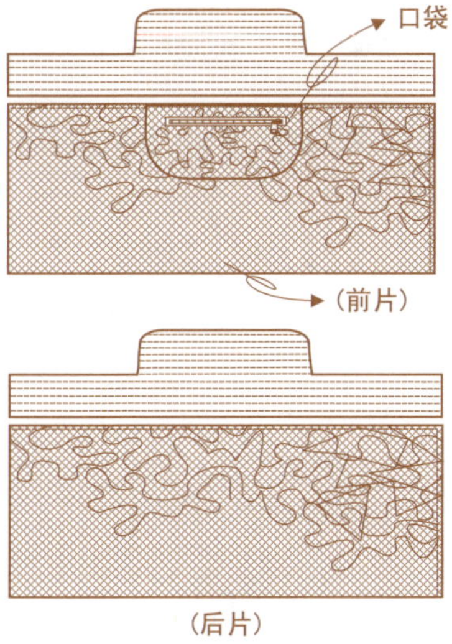

8 侧挡布与前、后片接合完成主袋。

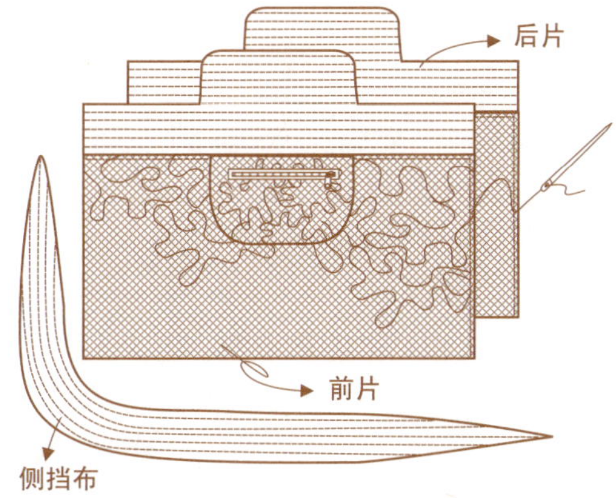

9 内袋同外袋铺棉、压线(较硬挺)车合(需留一返口)。

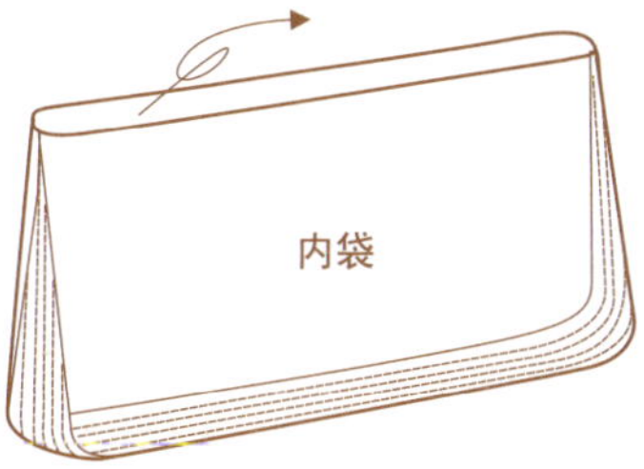

10 内、外袋中表，袋口车合，自返口翻出正面。

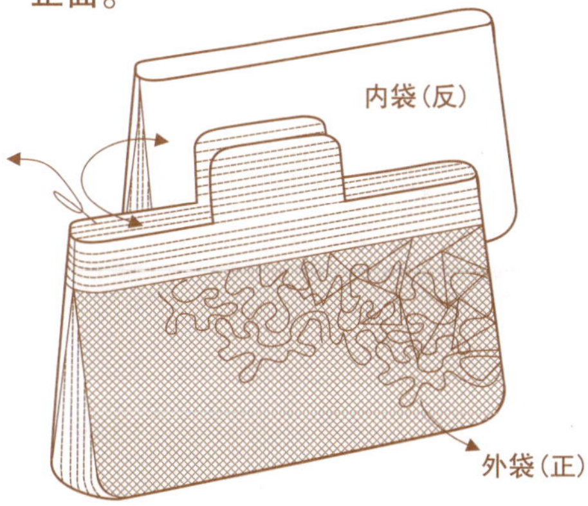

11 安装提手即完成。

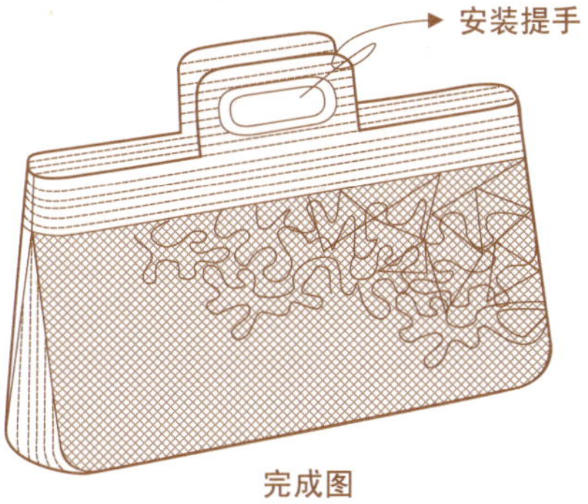

完成图

- 主布A：45cm×30cm
- 主布B：60cm×30cm
- 配色布A-C：45cm×30cm
- 滚边条：4cm×280cm
- 内里布：45cm×90cm
- 超薄衬：45cm×30cm
- 磁扣：2副
- 塑胶包扣：2颗
- 可夹式提手：1副
- 缎带：适量

1 将主布A烫上超薄衬。

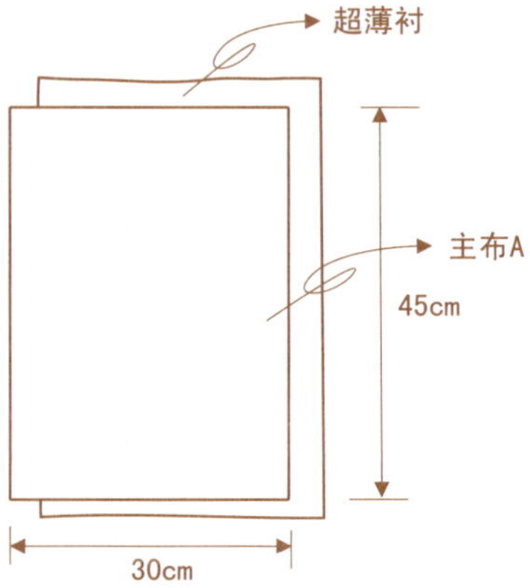

2 取配色布A依图所示剪裁、排列，并贴布缝于主布A上。

※配色布A裁1.5cm×45cm 3条及3cm×30cm1条。

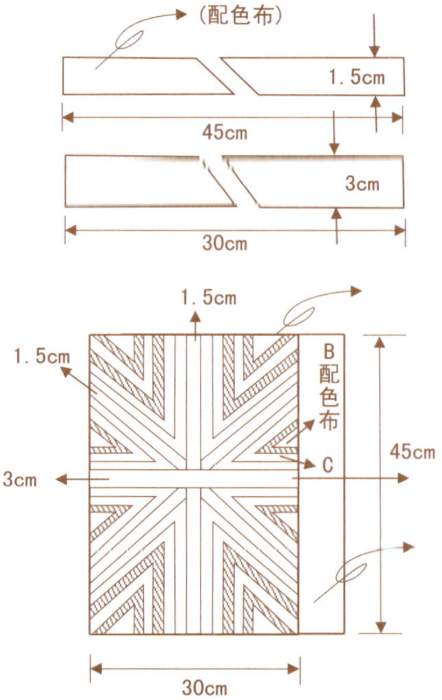

3 取配色布B依版型A描绘并剪下。

4 依步骤❷的图将剪下的配色布B放在主布A上，并贴布缝合。

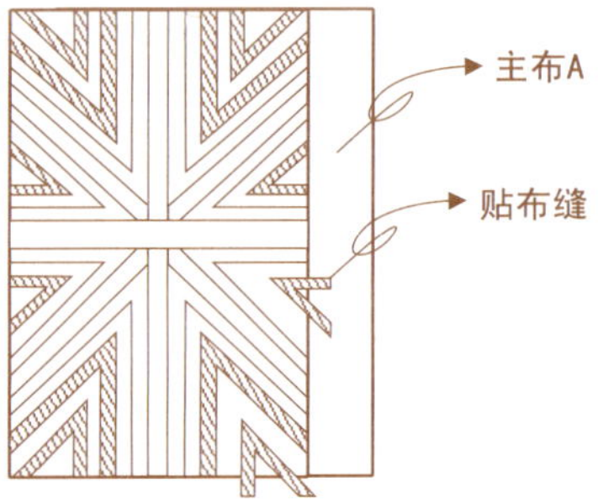

5 取配色布C裁成3cm斜布条，内折成1cm斜布条。

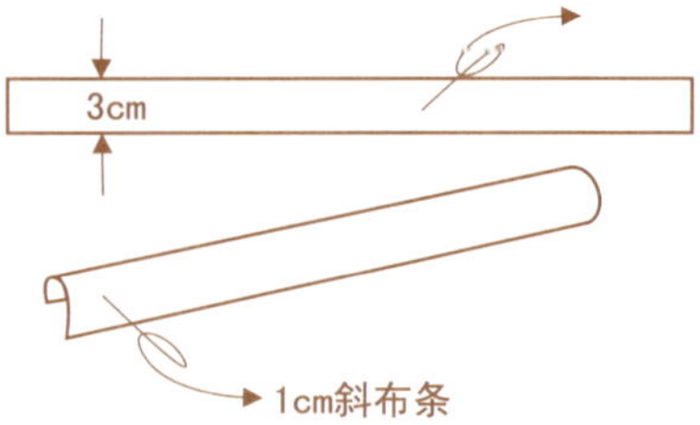

6 再依图示A放置并缝合。

7 完成后裁成36cm×22cm，铺棉再压线，上内里后滚边。

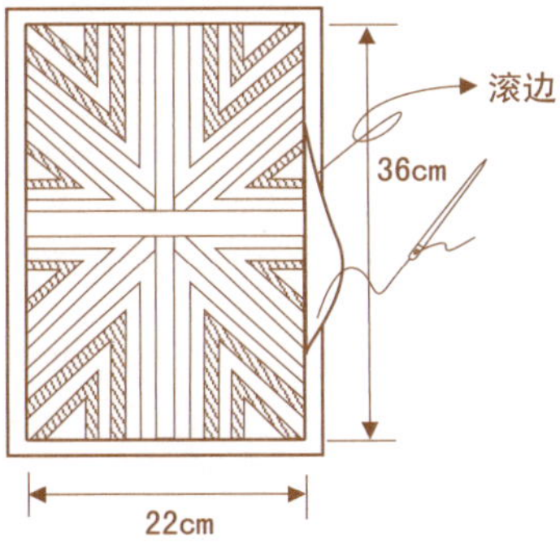

8 将主布B铺棉再压线，并取版型B描绘剪裁。

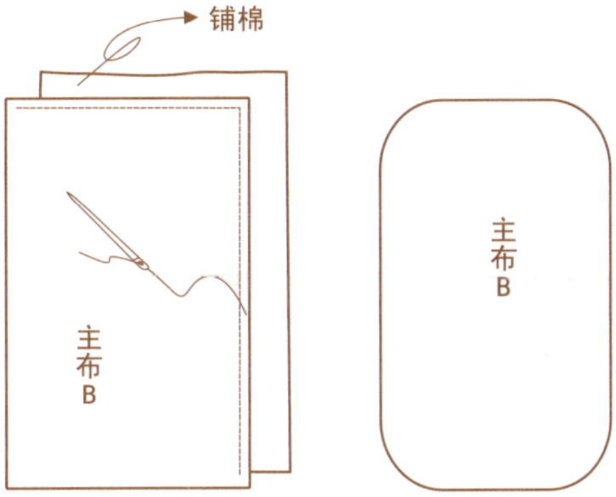

9 上内里后滚边。

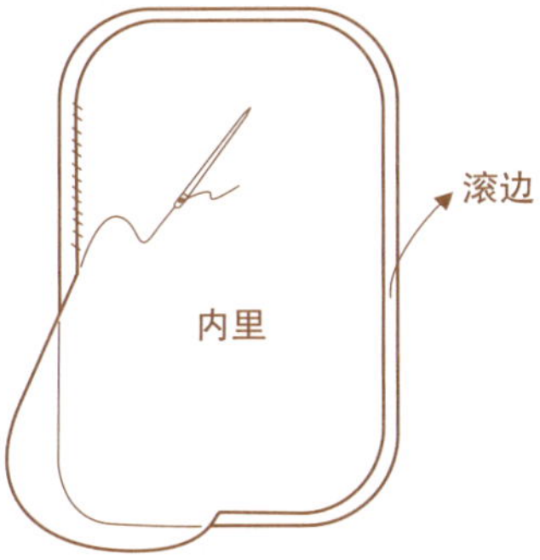

10 如图所示8cm处折双，再滚边内侧卷针缝成袋状。

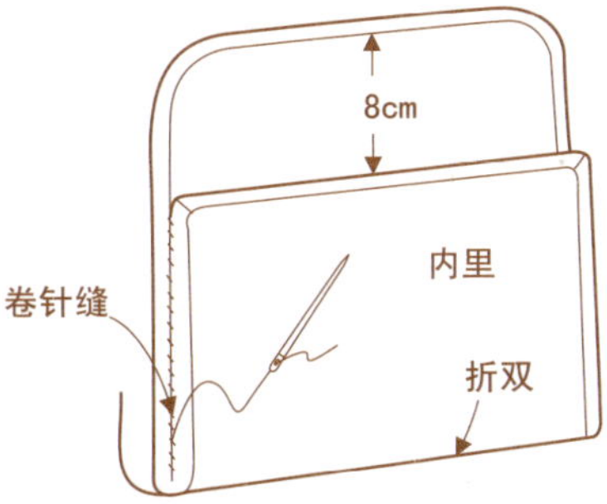

11 取完成的主布A与成袋状的主布B中表，两侧卷针缝。

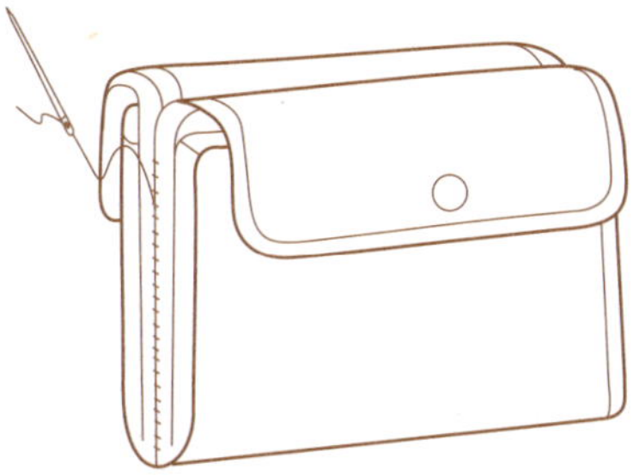

12 依图示安装磁扣。

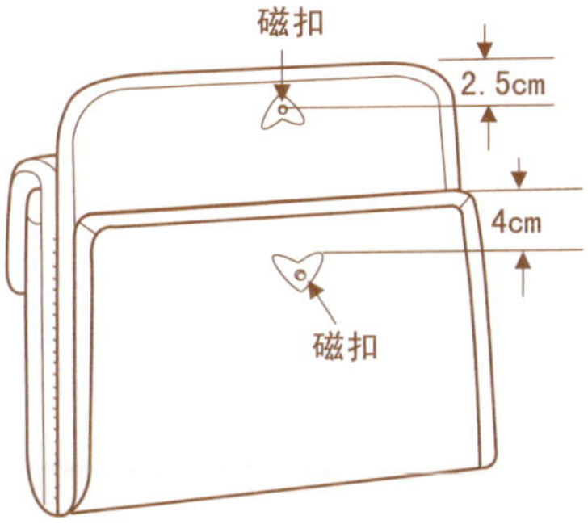

13 装上可夹提手及缎带，完成。

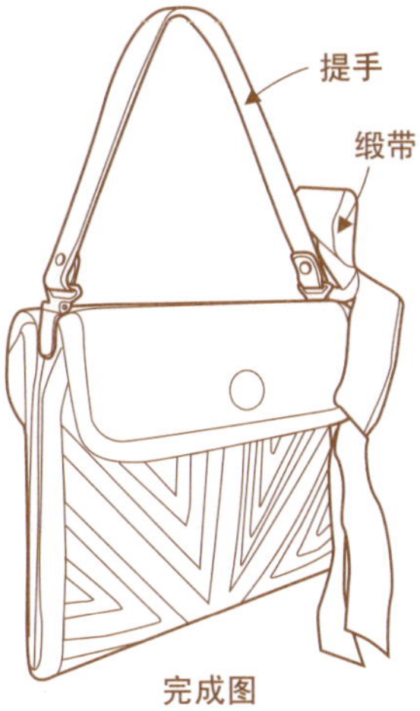

完成图

毛怪

Page 57

- 配色布：9色
- 黑纱网：30cm×60cm
- 内袋布：30cm×60cm
- 毛线：1团
- 织袋：2.5cm×30cm 2条
- 铺棉：30cm×60cm

1 依纸型A(外加缝份)，在各配色布上剪下共60片，每10片1排，共6排。

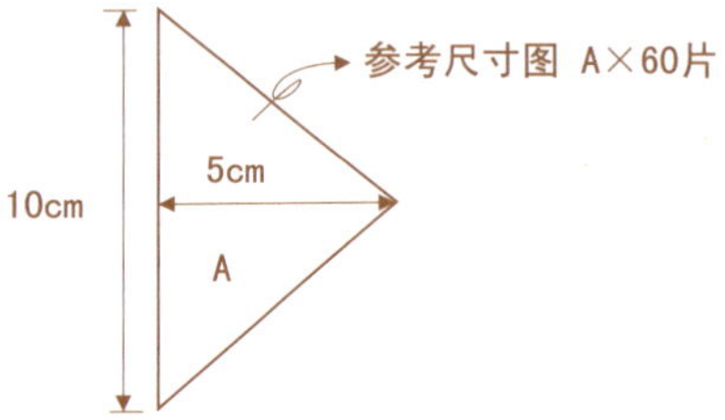

2 拼接完成后如下图，再铺棉。

3 加上纱网后以毛线沿拼接线落针压线。

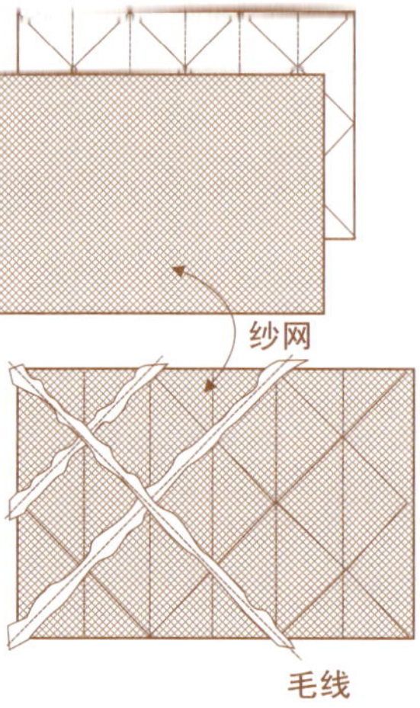

4 将步骤❸中表面对折，车合两侧完成主袋。

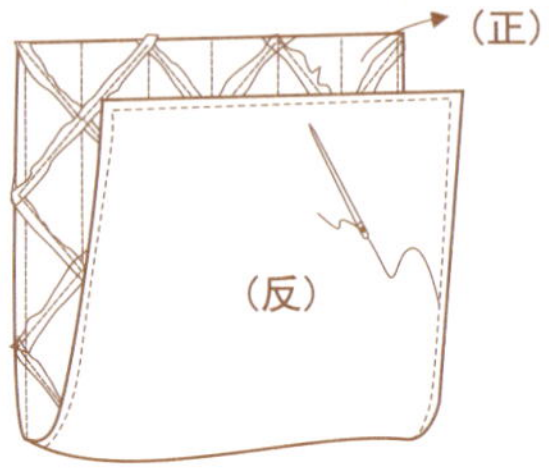

5 同步骤❹制作内袋，需留返口。

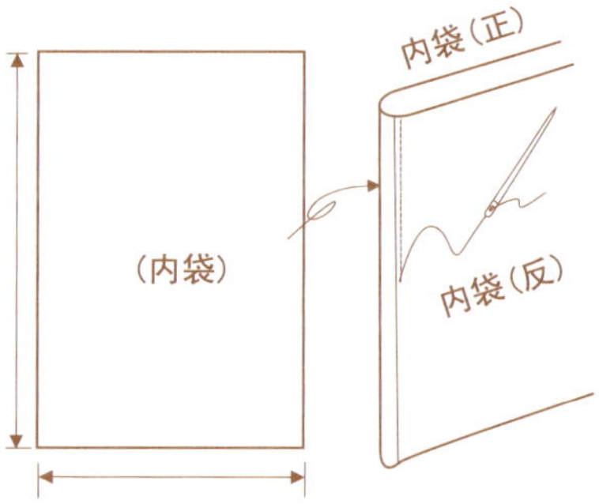

6 内、外袋中表，自返口翻至表面。

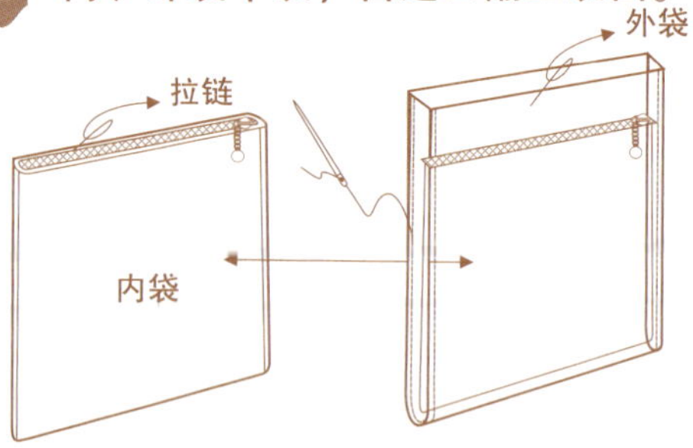

7 取织带，以毛线车缝装饰，毛线两端可多留各5cm，效果较活泼。

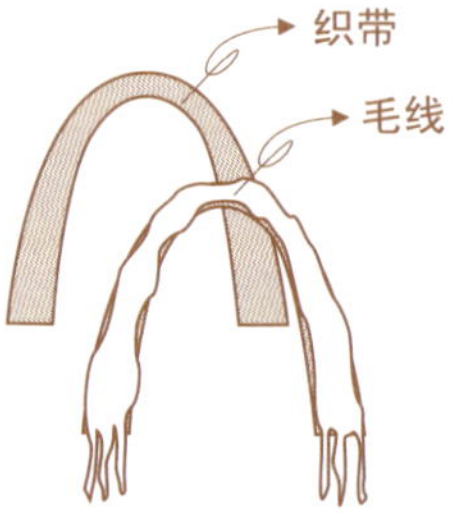

8 将织带固定于主袋上即完成。

完成图

- 主布：50cm×100cm
- 奇异衬：90cm
- 铺棉：50cm×100cm
- 配色布：2色，各30cm
- 内里布：50cm×100cm
- 拉链：45cm 1条
- 30mm 鸡眼扣：4副
- 白金马蹄环：2副
- 皮提手：4cm×30cm
- 黑纱网：60cm
- 滚边布：8cm×110cm
- 塑胶黑环：1个(装饰用)

1 将配色布裁成7.5cm×6cm，2色各16片。

2 配色布烫上奇异衬后，依喜好贴在主布上。

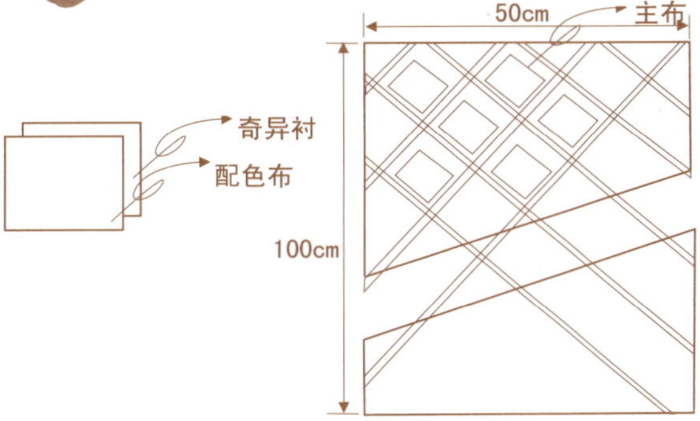

3 将黑纱网裁成8.5cm×7cm，32片置于步骤❷上车缝固定。

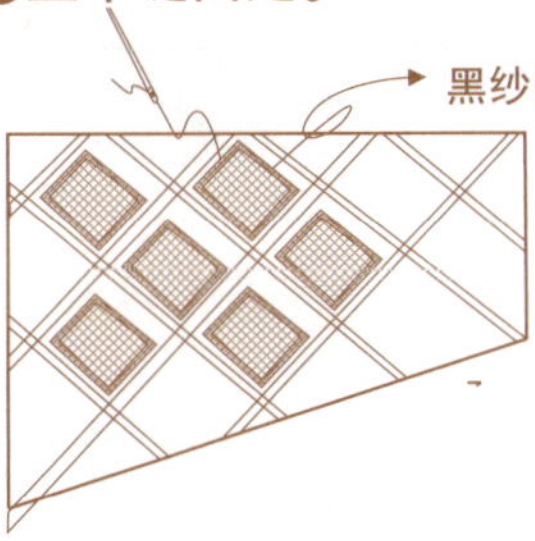

4 主布置于铺棉上，压线(可以沿主布上缘线条压线)。

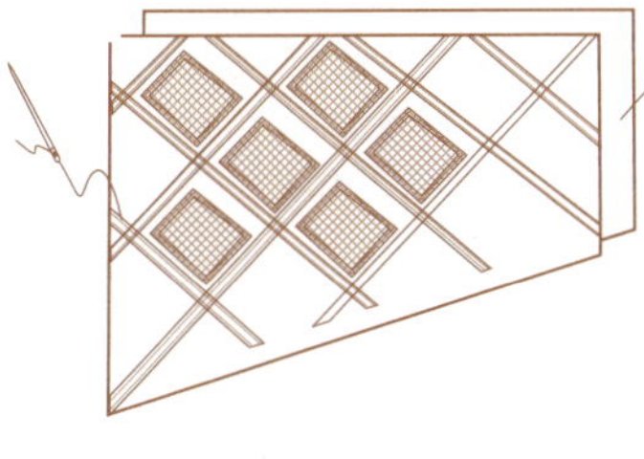

5 主布表布对表布对折，车合两侧后翻至正面，完成主袋。

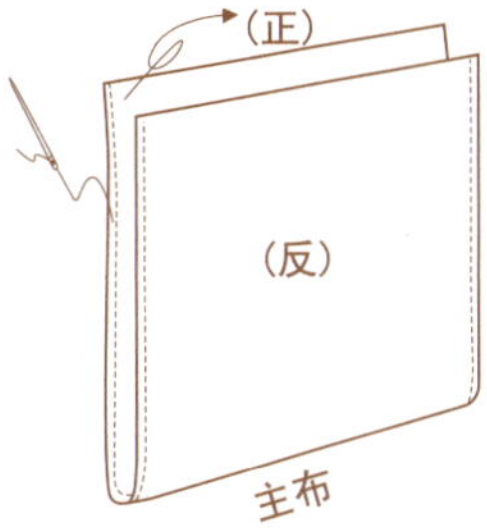

6 内里布依外袋尺寸裁剪车合，并套入主袋中。

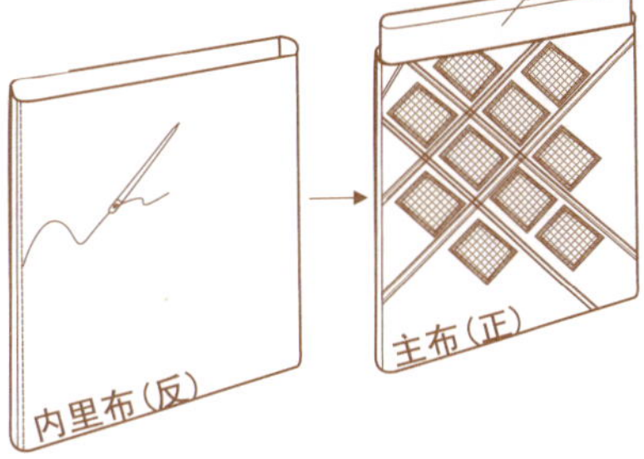

7 在袋口滚边，并车上拉链。

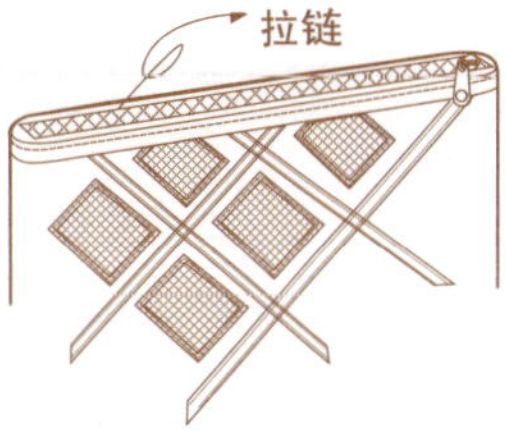

8 在适当位置，钉上鸡眼扣，装上马蹄环及皮提手，就完成了。

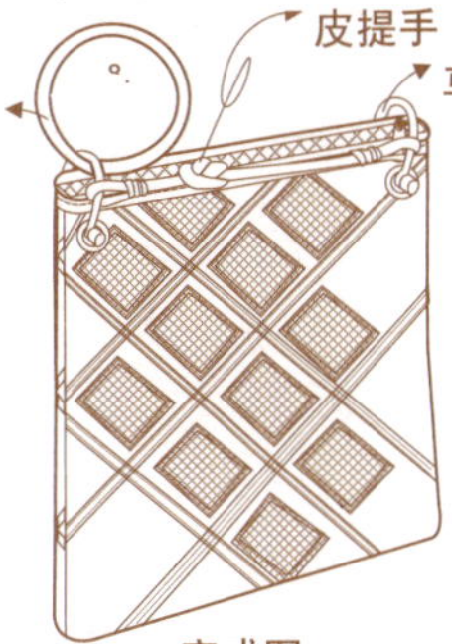

完成图

- 胶棉:35cm×40cm
- 坯布:35cm×40cm
- 主布:10色各30cm
- 内里布：35cm×40cm
- 提手：30cm
- 拉链：30cm

装饰扣：1个

1 将坯布固定于胶棉上。

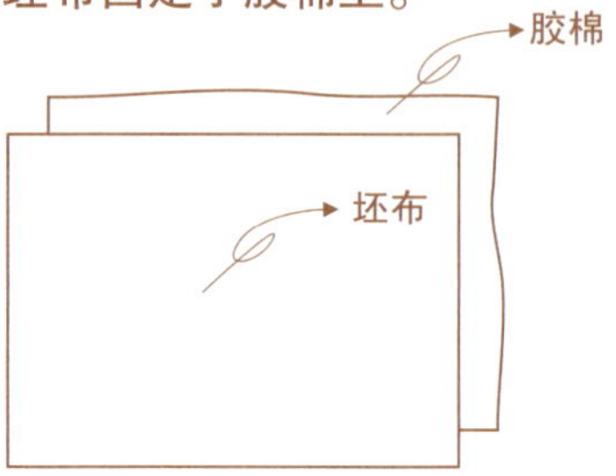

2 将10色花布按尺寸依次接合。

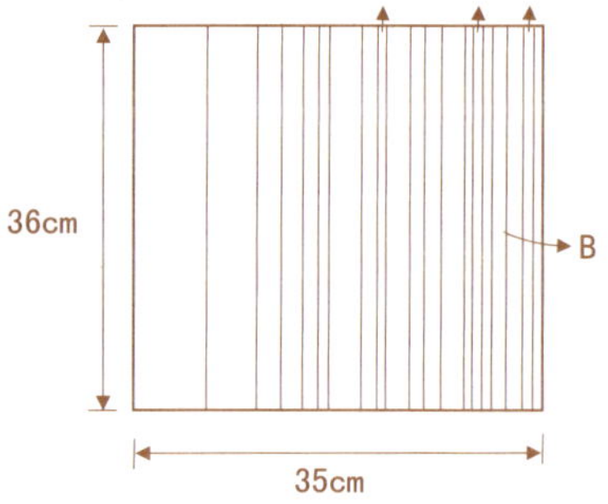

3 取A布6cm×35cm，在B布6cm处车合(如图)。

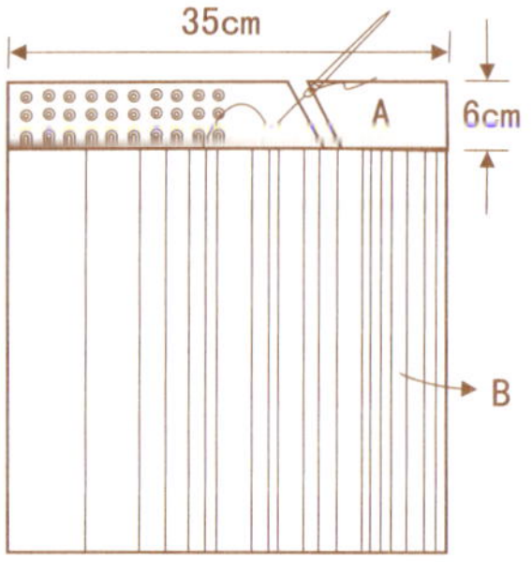

4 将主布两边车合，一边内折10cm，一边外折10cm。

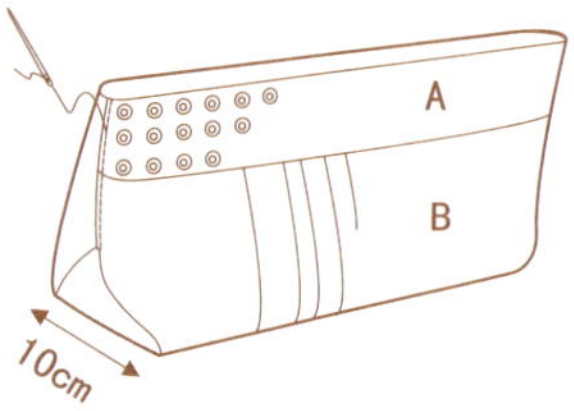

5 取里布裁同主布尺寸，两边车合，留一返口，折底10cm。

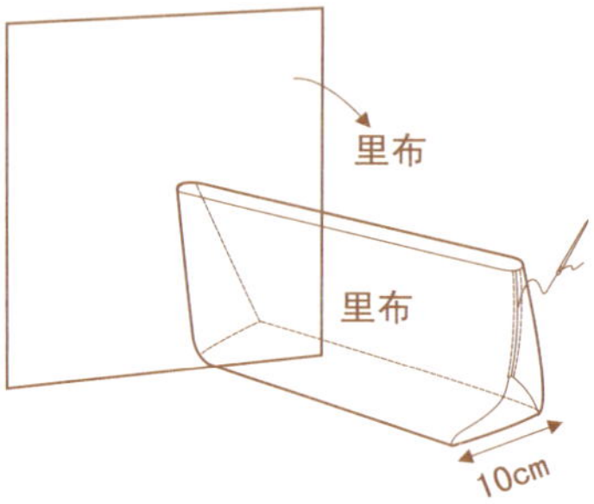

6 表布与里布中表，袋口车合，翻至正面。

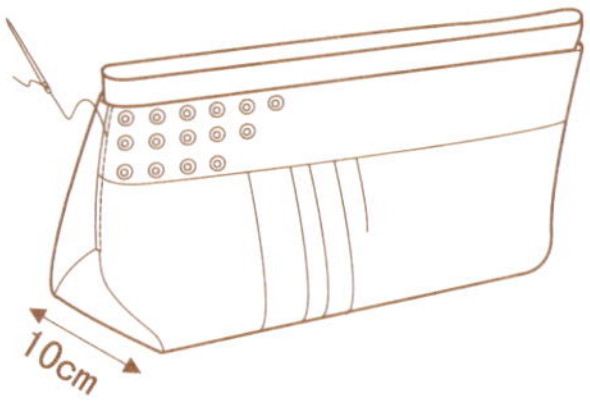

7 在袋口处缝上拉链。

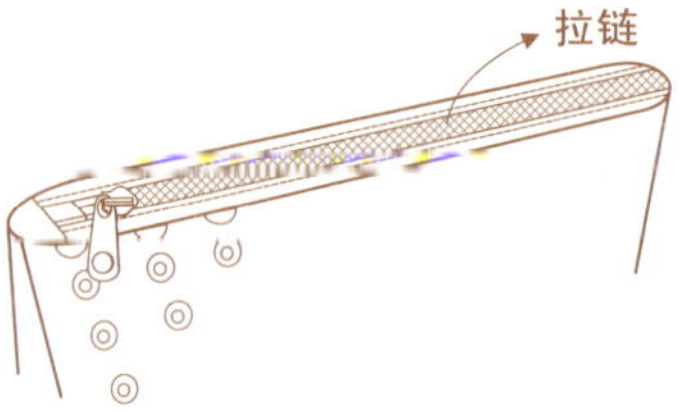

8 上提手及装饰扣后即完成。

完成图

- 洞洞布：30cm
- 配色布：2色各30cm
- 内里布：45cm
- 铺棉：少许
- 球球缎带：32cm
- 装饰扣：1个
- 彩色拉链：60cm

1. 将配色布A铺棉，制造蓬松效果，按纸型A剪下，周围用球球缎带装饰。

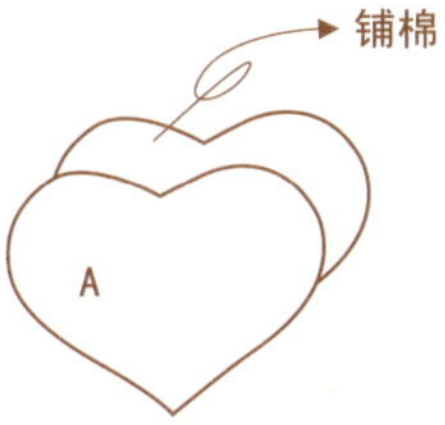

2. 将步骤❶置于洞洞布上固定，沿纸型B剪下前后各1片，内里同纸型B，准备2片(前后各1片)。

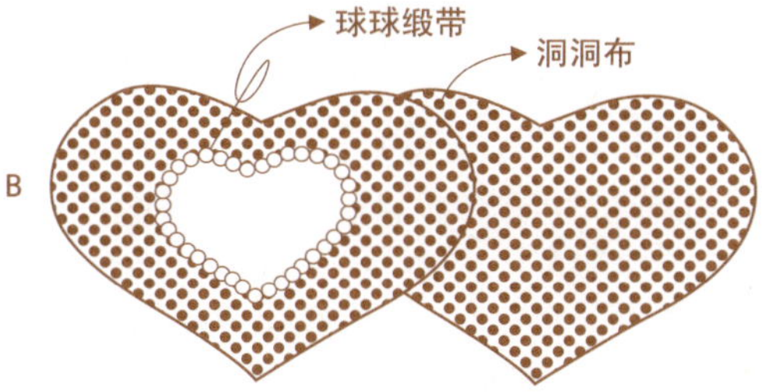

3. 裁8cm × 65cm、5cm × 65cm挡布各1片(已含0.7缝份)。

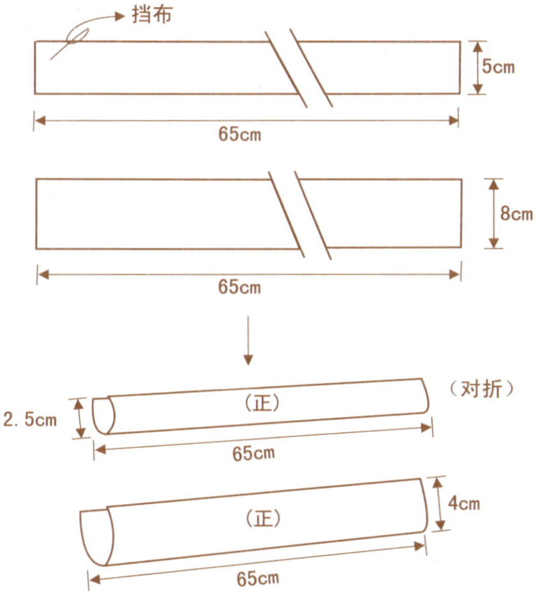

4. 步骤❸挡布对折后车合拉链，如图示成1片挡布。

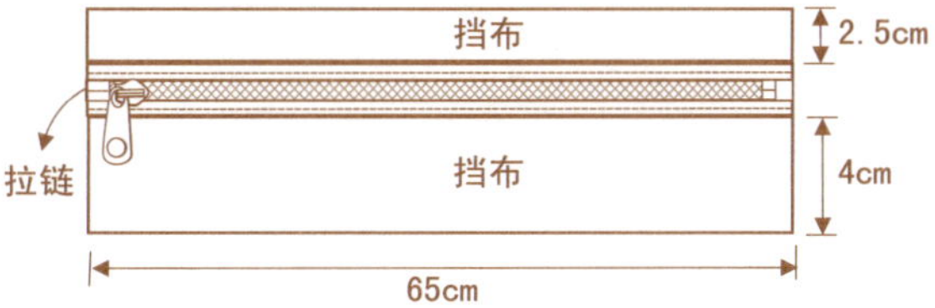

5. 将步骤❷的前、后片洞洞布分别与内里疏缝，并与步骤❹的挡布车合。

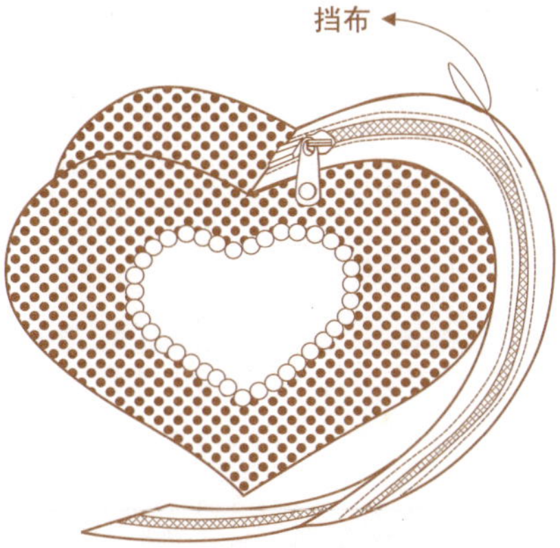

6. 裁3cm × 65cm、45cm × 65cm内里滚边布条各1片，贴布缝合于内里即完成。

完成图

配色布A—J：45cm×45cm
主布：40cm×45cm
里布：45cm×90cm
拉链：20cm 1条
铺棉：40cm×90cm

1 如图依次将配色布A—J裁切，并车缝在铺棉上。

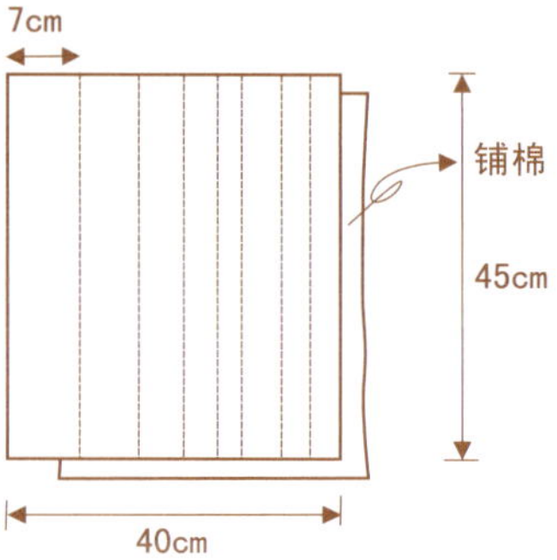

2 将主布裁切成40cm×45cm，铺棉，依图压线。

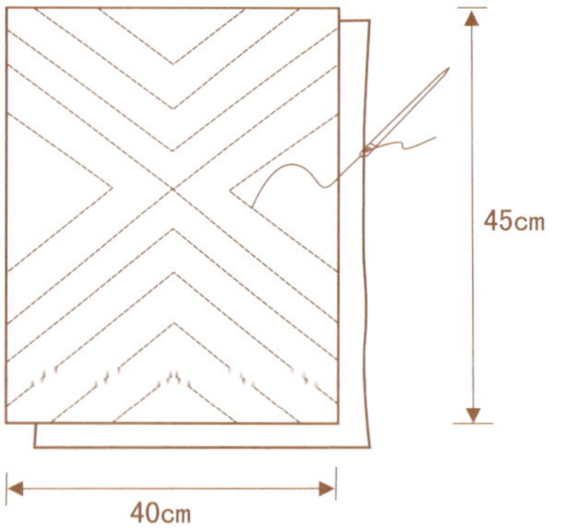

3 取版型在步骤❶、❷及里布上描画版型，共4片并剪下。

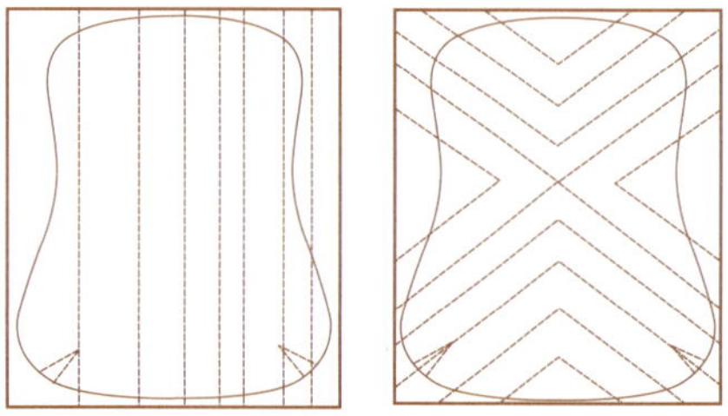

4 将其主布及内里布如图依记号线开拉链口，并将拉链缝于主布上。

5 依记号线打褶，共8个。

内袋无压线及拉链。

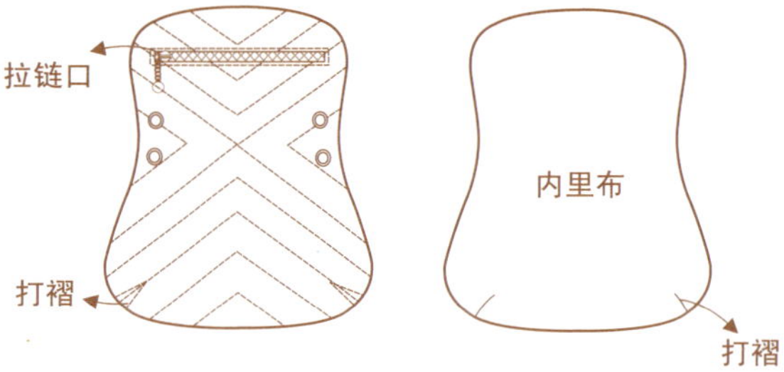

6 将配色布依图示剪裁好并两两相叠、拉缩，共6组。

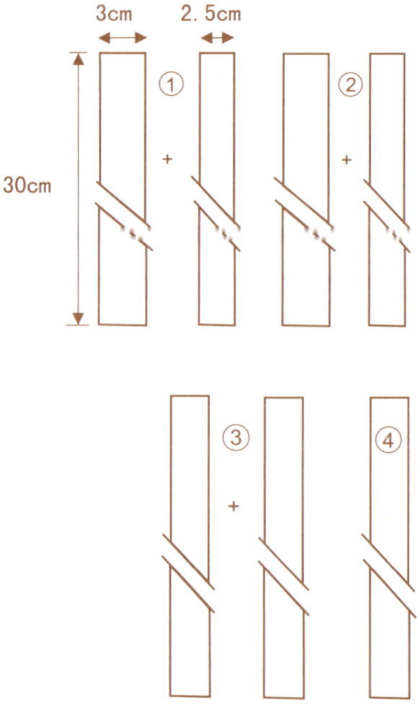

7 将5组依图示做拉缩缝合。

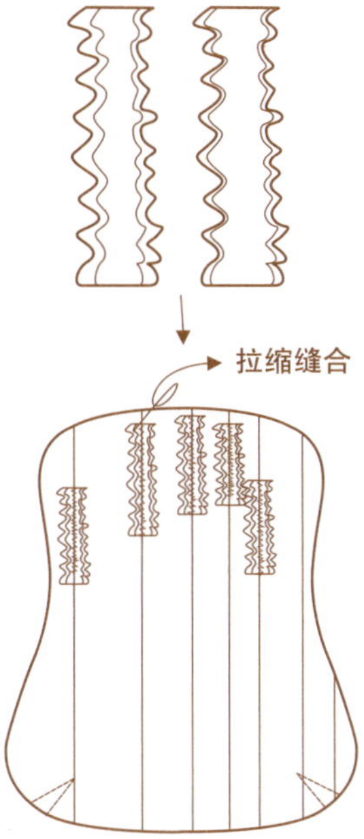

8 将外袋与外袋，内袋与内袋分别中表缝合。

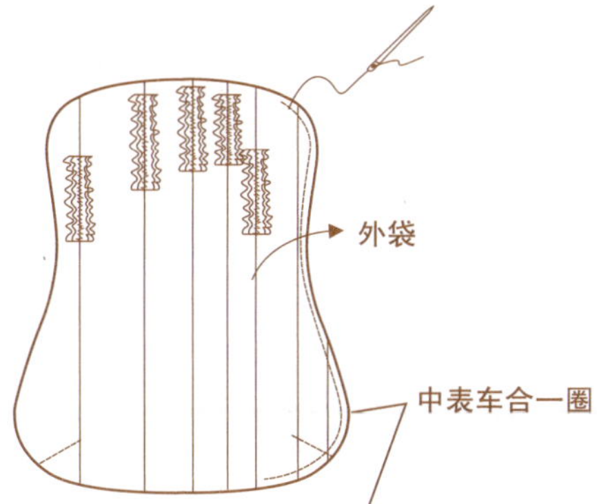

> ※制作内袋：
> 内袋布依纸型剪下2片，依版型A在角上打褶，其中1片开拉链口。

外袋里侧

9 依图示将表面对表面缝合，翻出。

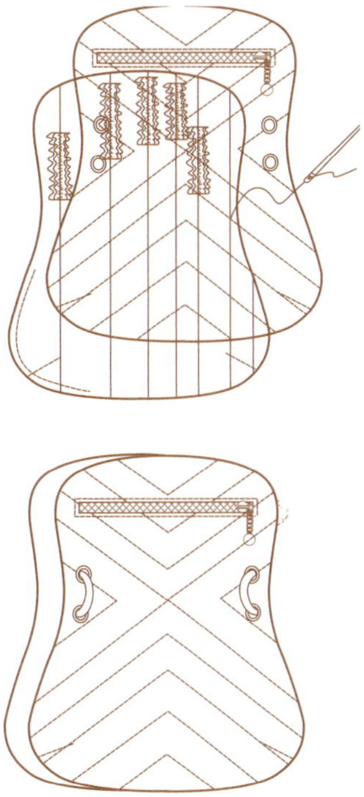

10 将内里拉链口与外袋拉链处缝合即完成。

完成图

> ※小叮咛
> 1.将外袋与外袋表面对表面缝合前记得先将拉链口拉开，以利翻出。
> 2.依步骤❾缝合后记得先将圆弧处修剪成波浪状。

聚光灯

Page 17

- 胶棉：60cm×100cm
- 内里布：60cm×100cm
- 皮提手：1副
- 表布：7色花布(各30cm)
- 包扣：4个

1 依纸型(需外加缝份0.7cm)在各色花布上随意剪下108片郁金香，每9片一排，车合，共需12排，排与排接合时注意图案宽边对宽边，短边对短边。

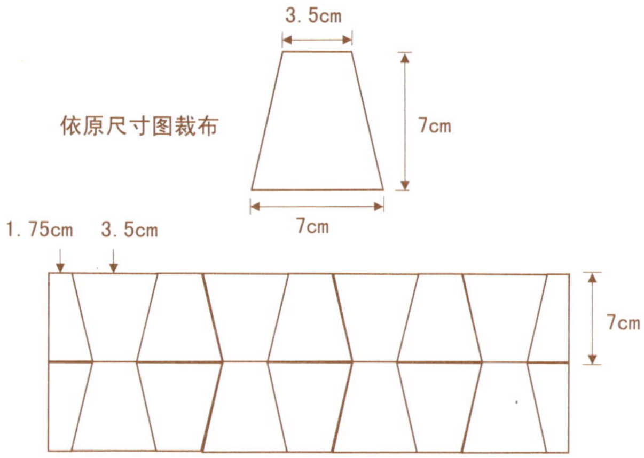

2 表布车合完成后，固定于胶棉上，再沿着郁金香纸型车合处压线。

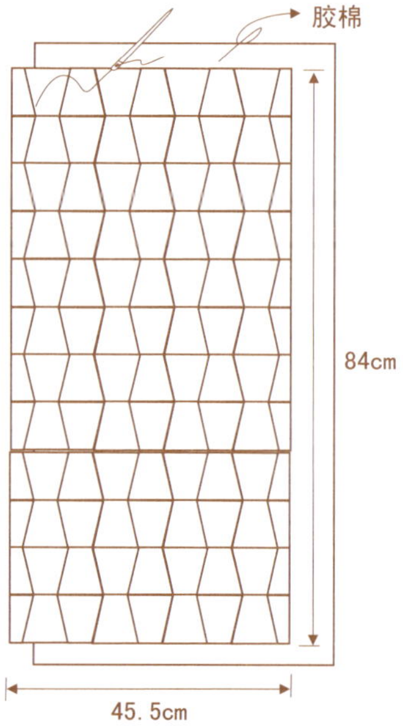

3 将左、右边裁齐(注意：需刚好在纸型一半再加0.7cm缝份)，完成面84cm×42cm(不含缝份)对折后左、右边车合(前后片各6排)。

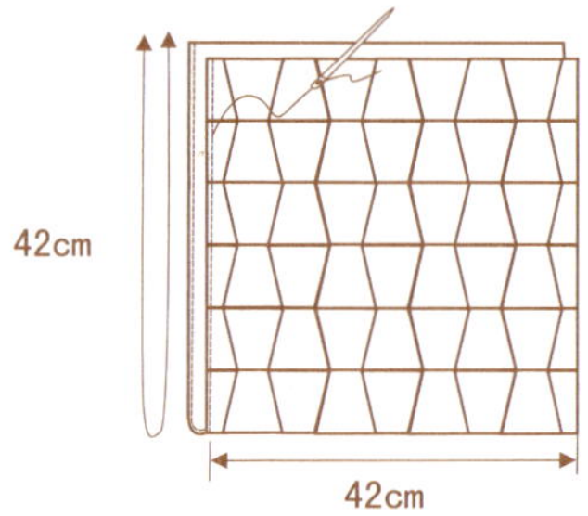

4 折底14cm(刚好两排纸型)外袋完成。

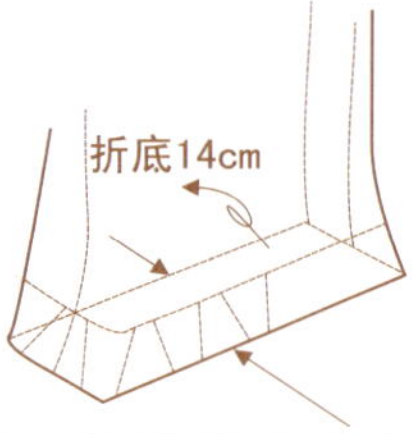

5 制作内里，依外袋尺寸车合折底(需留返口)。

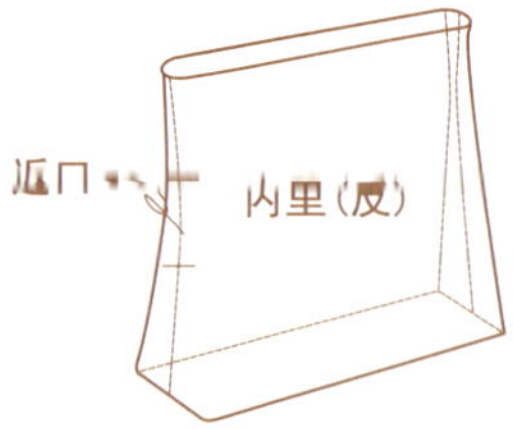

6 中表，内、外袋在袋口处翻回正面。

7 上提手即完成。

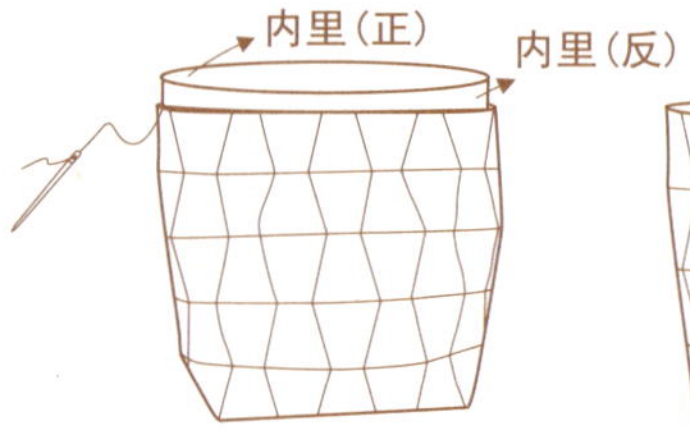

完成图

玫瑰花皱褶化妆包

Page 36

- 主布：45cm × 35cm
- 内里布：30cm × 22cm
- 滚边条：3cm × 90cm 1条
- 拉链：8cm 2条
- 缩烫衬：45cm × 35cm (30%收缩率)
- 胶棉：30cm × 22cm

毛线：少许

1 取主布置于缩烫衬上，以毛线车缝于上(本作品的玫瑰图案以图形线条表现)。将主布车满图案，缩烫并依版型裁剪，烫上胶棉。

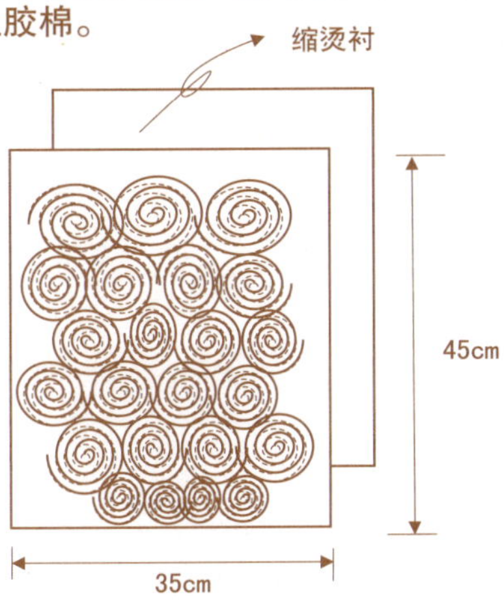

2 依版型剪下内里布与主布一起滚边。

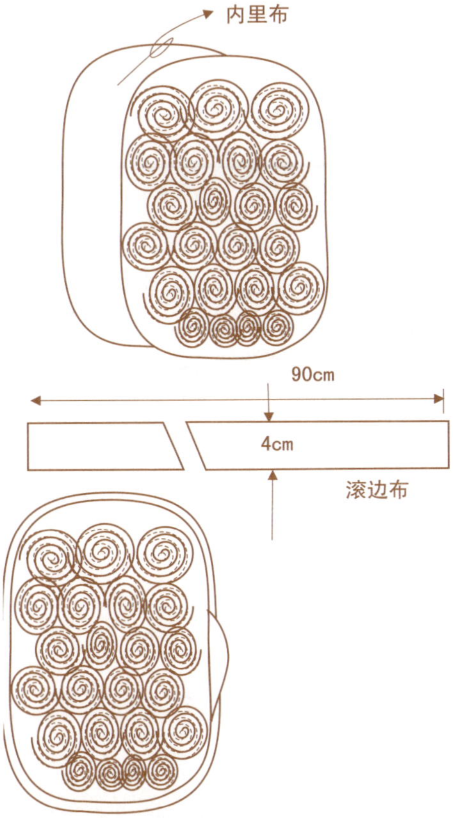

3 将步骤❷对折。

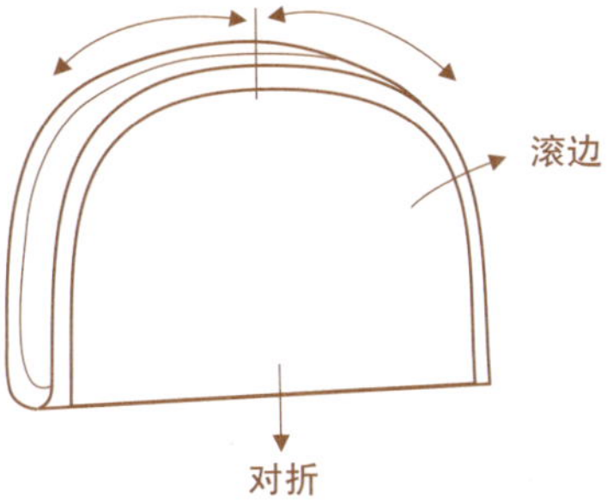

4&5 取中心点，缝合拉链，其余部分以卷针缝缝合。

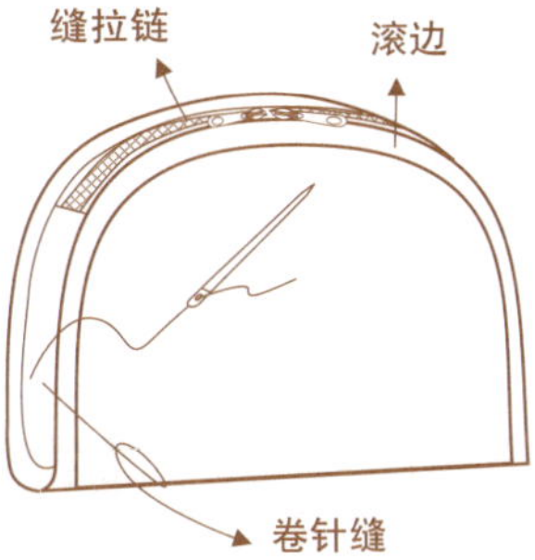

6 折底8cm。

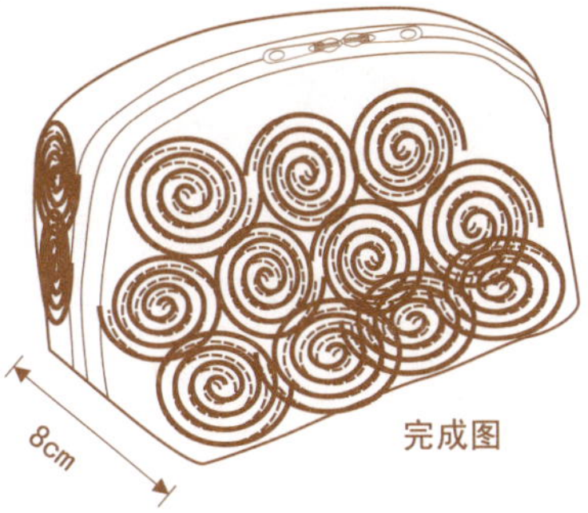

水晶密码

- 主布A：45cm　　织带：3cm×210cm
- 主布B：45cm　　拉链：30cm
- 挡布：90cm
- 内里：90cm
- 铺棉：90cm
- 水晶数字

1 主布A依版型A剪下前、后片。

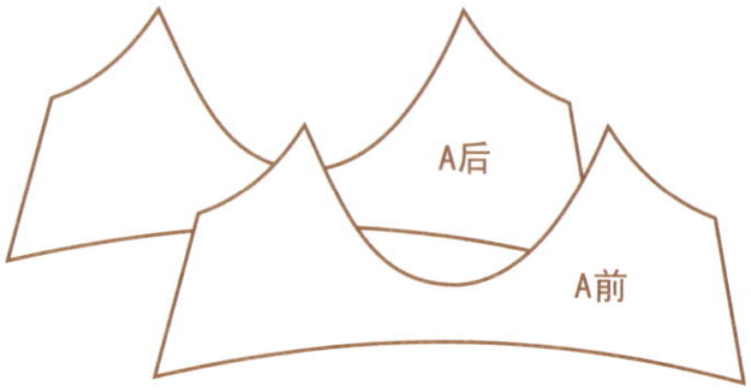

2 主布B依版型B剪下前、后片。

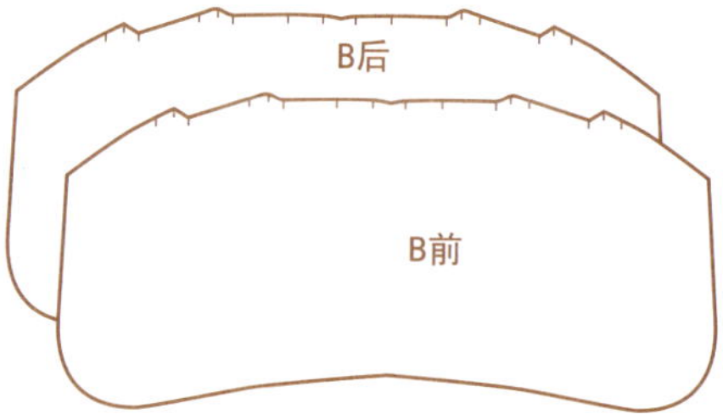

3 步骤❷依记号处左、右向外各打2个褶。

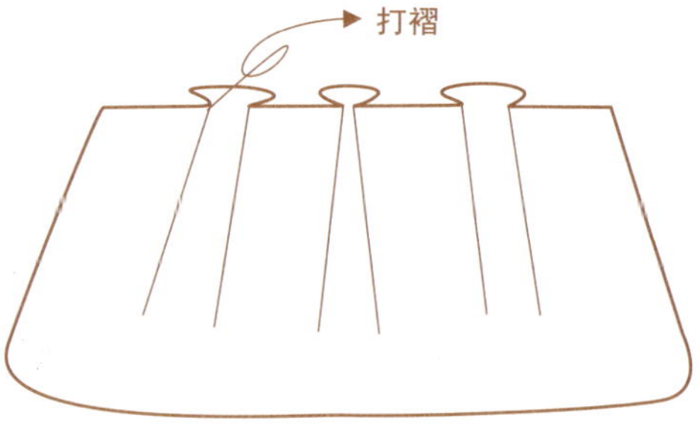

4 将A与B上、下接合成正、反各1片。

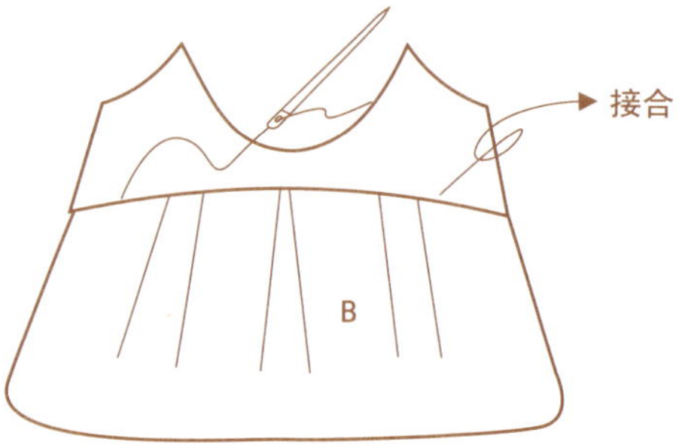

5 裁剪侧挡布，尺寸为15cm×103cm。

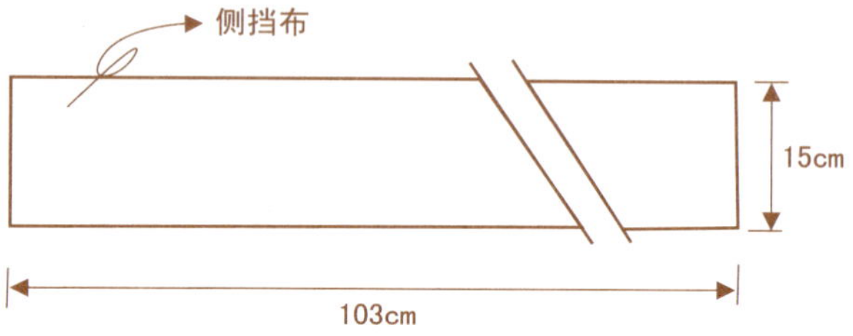

6 接合前、后片及挡布成一袋状。

7 依版型D裁剪制作内袋，铺棉同外袋接合成内袋，内袋挡布尺寸同外袋。

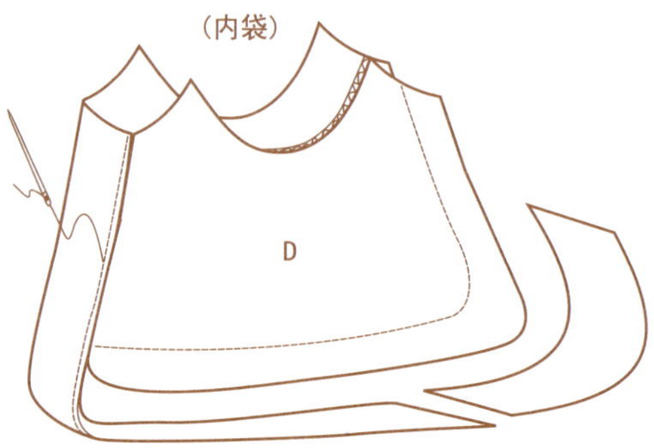

8 制作拉链口布，主布A依版型C裁剪正反两面，共4片。

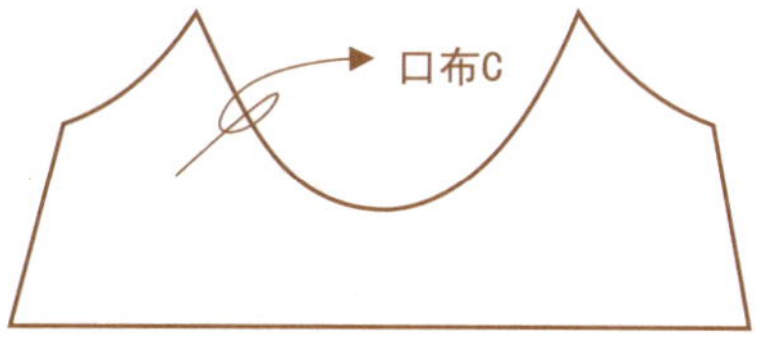

9 正、反面与拉链中表，车合三边内袋套入外袋中（另一侧同上述步骤）。

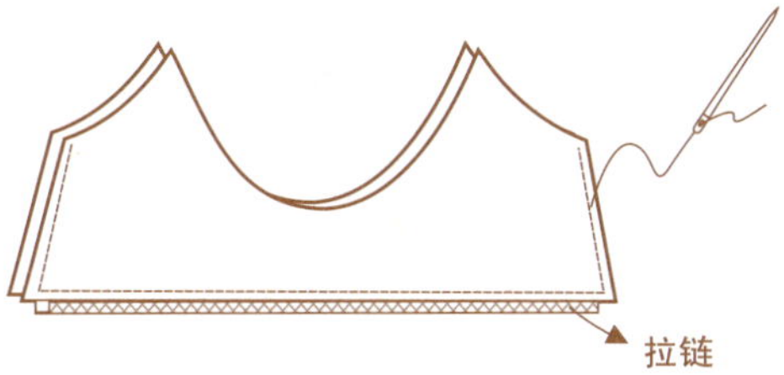

10 取步骤❾与主袋、内袋车合上方。

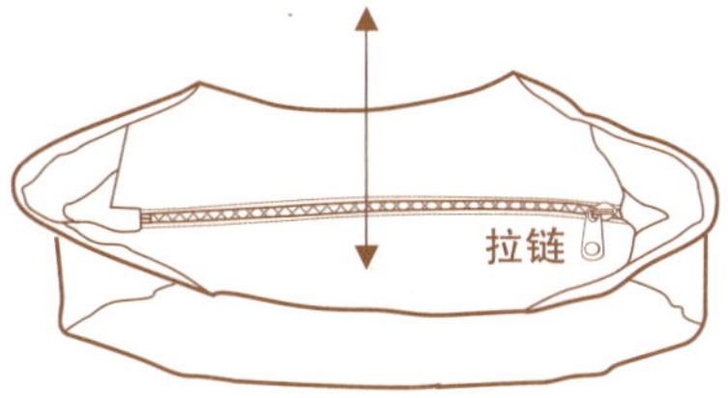

11 织带对折，车缝于袋口上围。

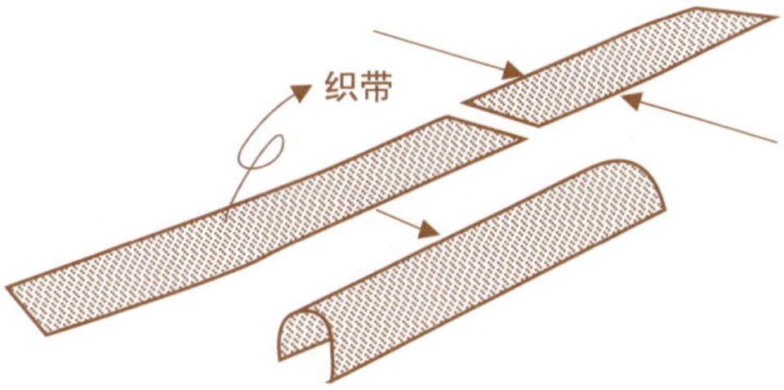

12 车合顺序(如图)。

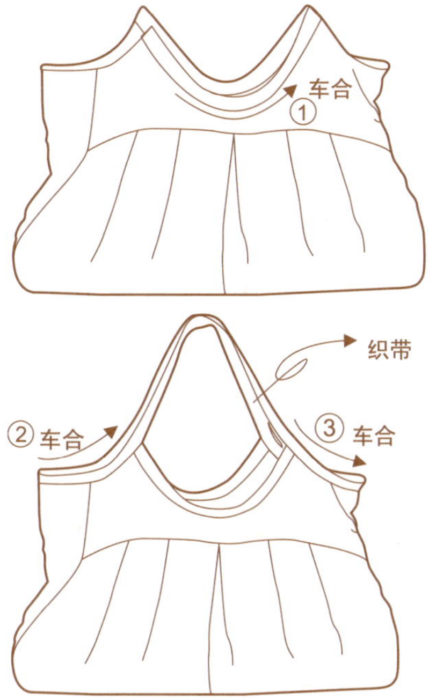

13 织带接合处可以7cm×12cm的布条对折遮盖接点，做成布扣环。

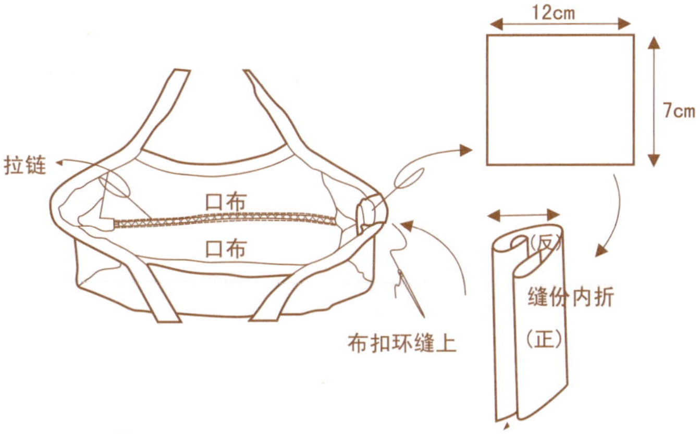

14 贴上水晶数字后，就完成了。

马卡隆

- 主布A：45cm
- 主布B：90cm
- 配色布：10~12色
- 内里布：90cm
- 黑纱网：45cm
- 铺棉：90cm
- 金葱线：1卷
- 皮提手：3.5cm×40cm

1 将配色布裁剪成38片直径为6.5cm的圆形布片。

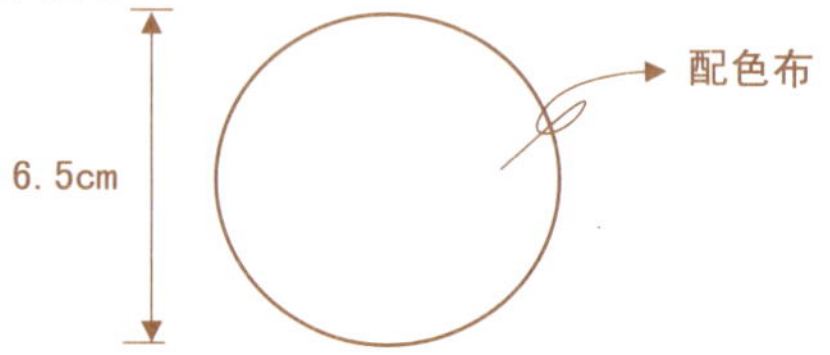

2 取2片圆布，中间夹1片直径为6cm的铺棉。

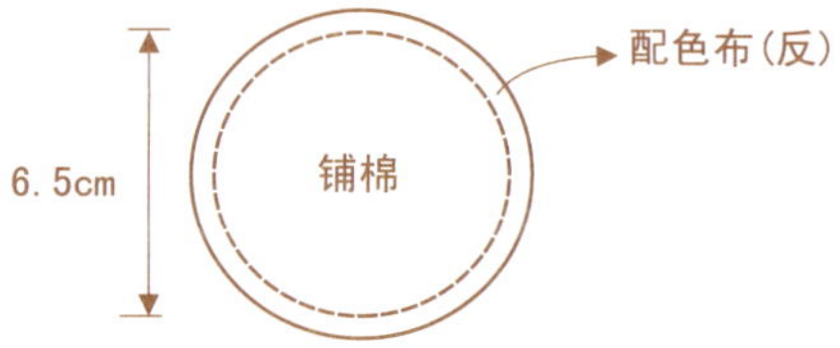

3 以布用胶将圆布片固定在已铺棉的主布上。

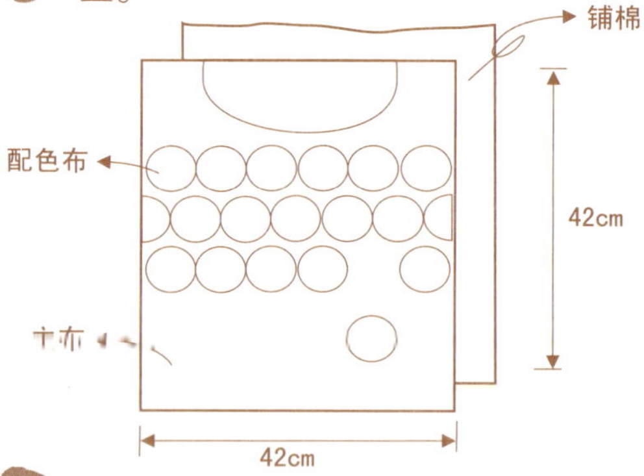

4 罩上一层黑纱网。

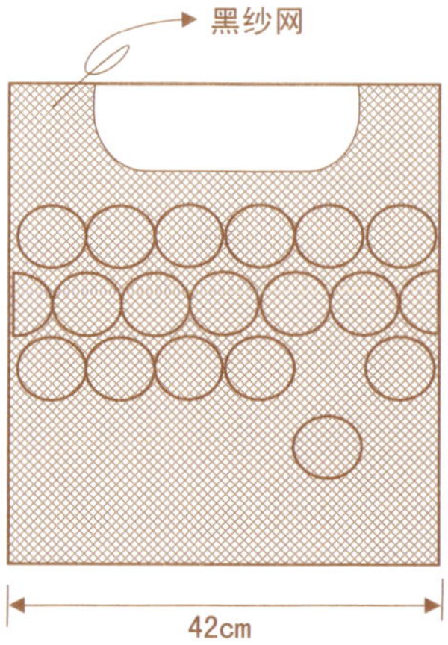

5 用金葱线在圆片周围压线固定。

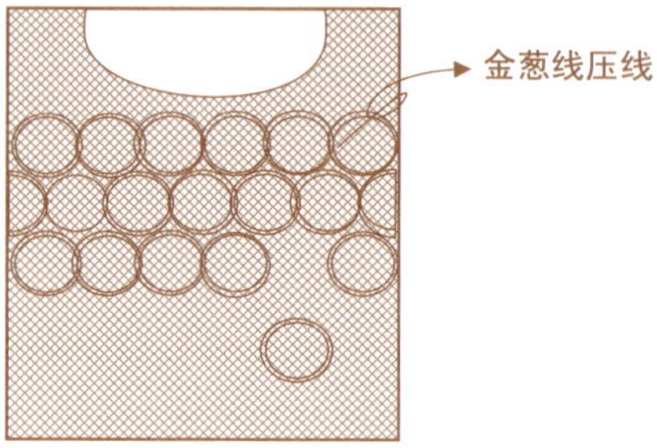

6 其他部分自由压线，完成前后两片。

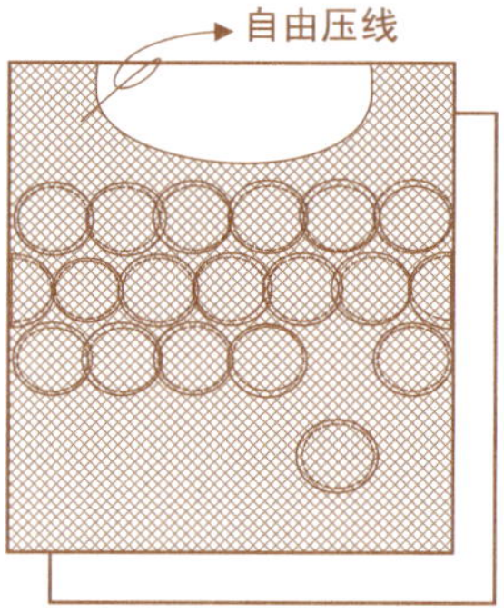

7 步骤❻依纸型A剪下后与内里中表，车合上圈，翻至正面(图片)，前后各1片。

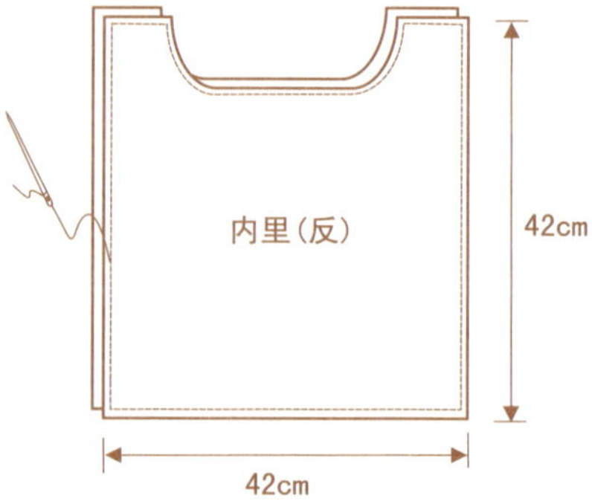

8 取主布B铺棉压线，裁剪42cm×42cm(不含缝份)前后各1片。

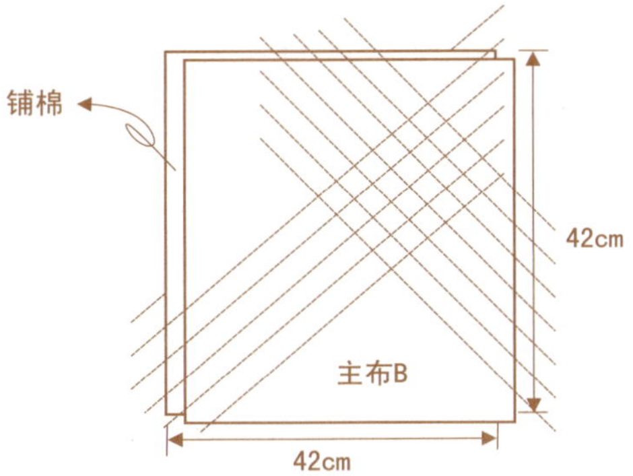

9 制作袋底，取主布B铺棉、压线，裁剪15cm×26.5cm(不含缝份)。

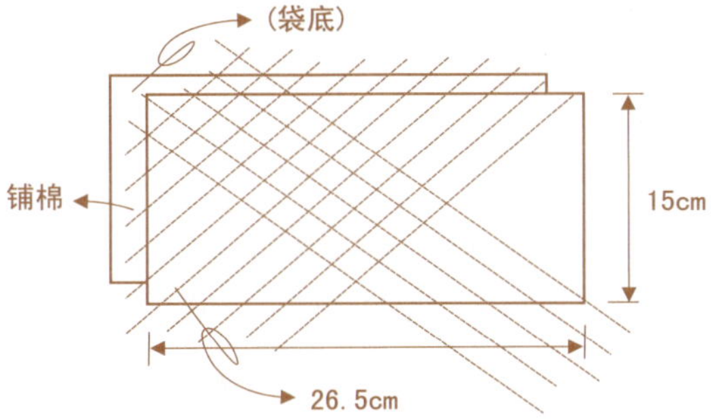

10 将步骤❼与步骤❽两片车合。

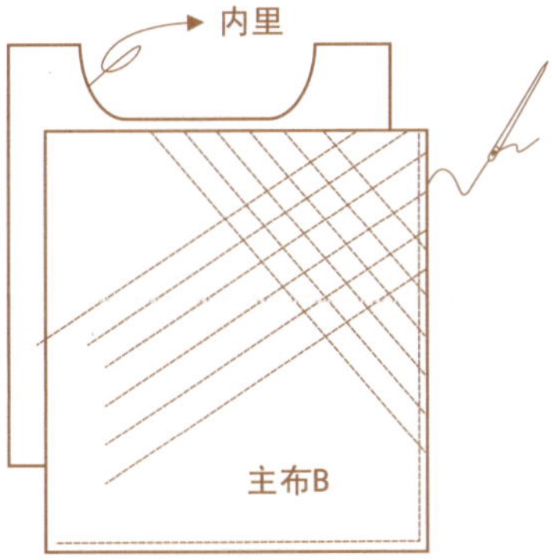

11 车合外袋两侧成一筒状。

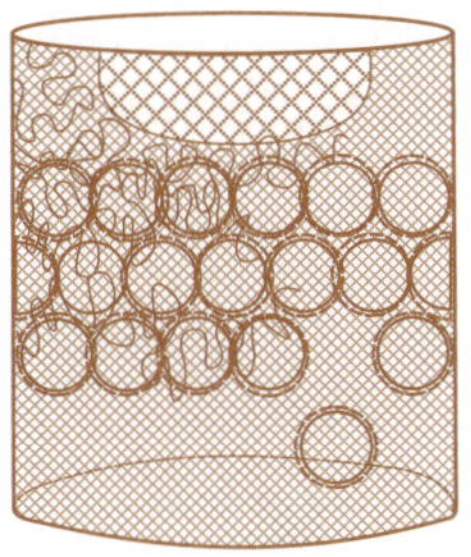

12 与底车合，成袋身。

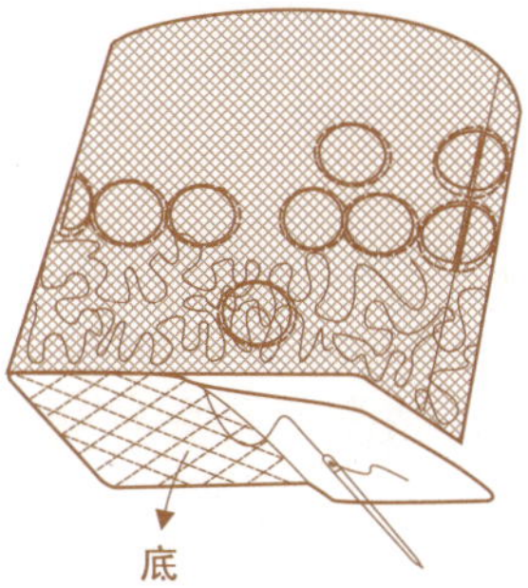

13 同外袋尺寸制作内里并车合。

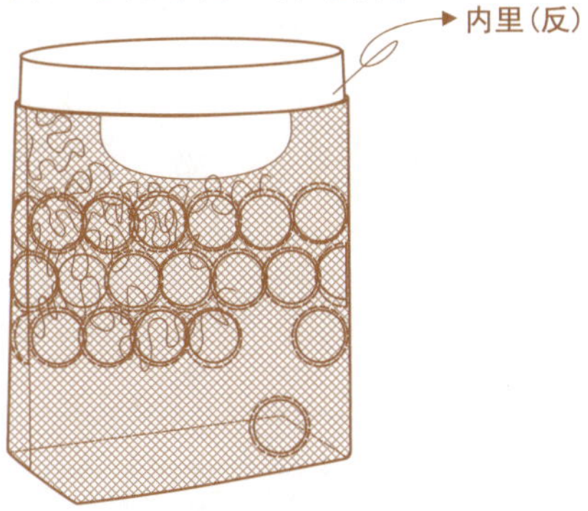

14 内外袋中表，上袋口滚边(约4cm×85cm)，安装提手即完成。

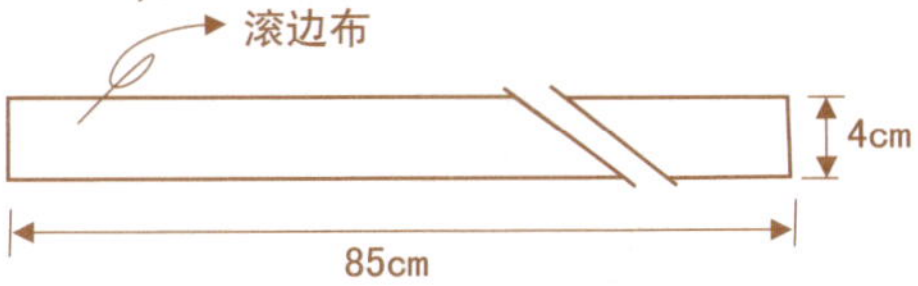

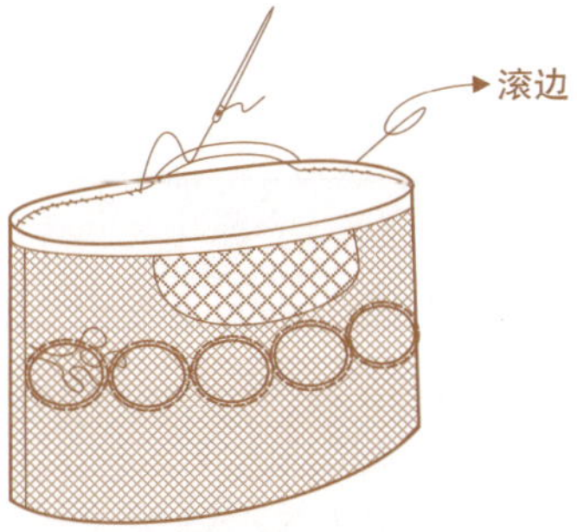

15

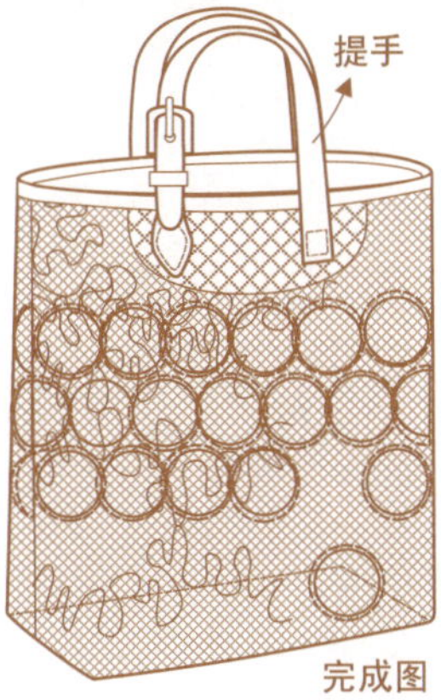

完成图

配色布A：1色45cm　铺棉：135cm
配色布B、C、D：50色各15cm
主布：90cm
边条：135cm
滚边：90cm
后背布：135cm

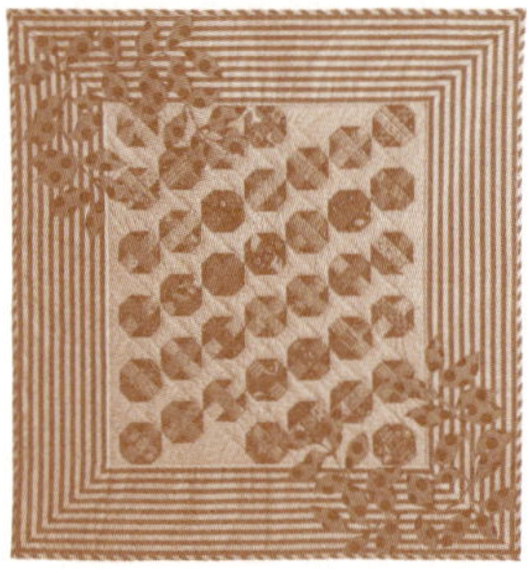

1 依纸型裁剪布片，共38片。

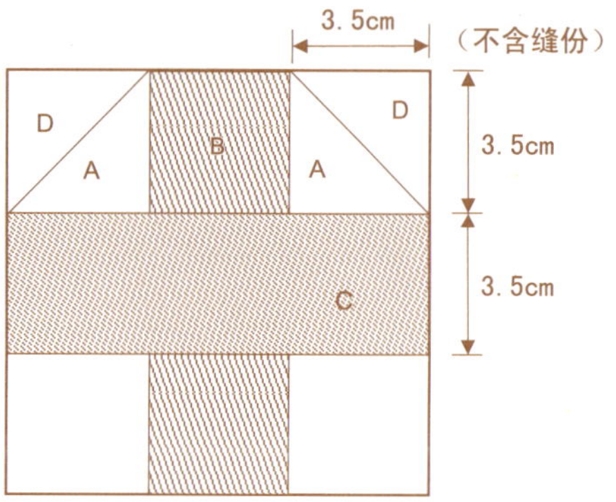

2 拼接顺序如图。

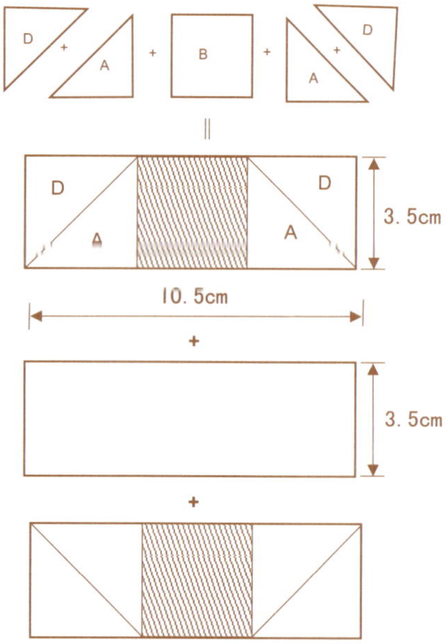

3 图形车合为3.5cm×10.5cm的长条形，形成线轴状。

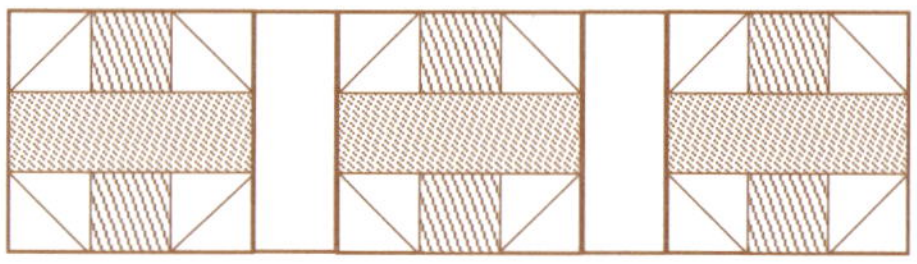

4 排列方式及顺序请参考图示，中心完成尺寸为75cm×83cm。

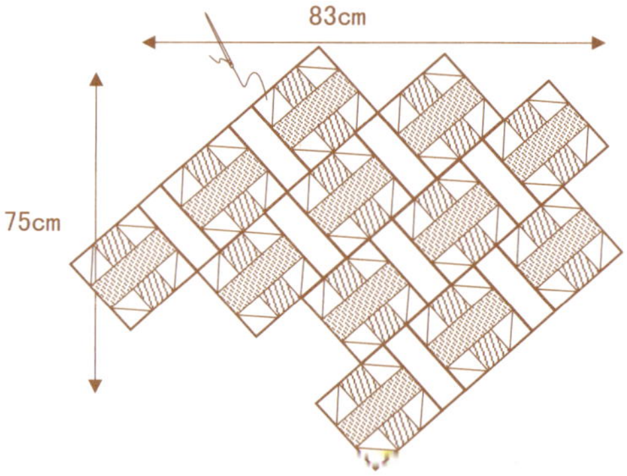

5 完成拼接后，四周车合边条布22cm×127cm、22cm×119cm各两条。

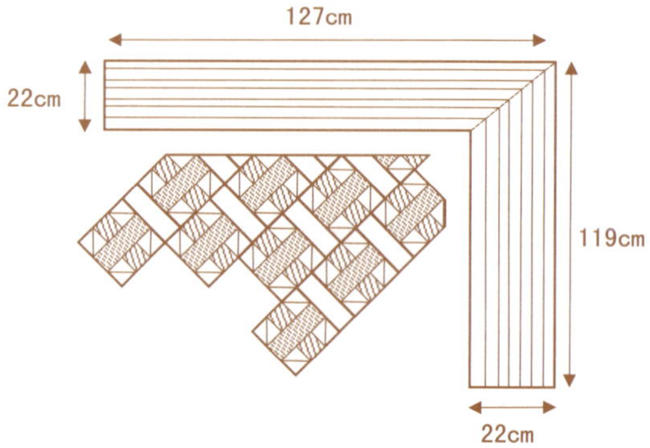

6 铺棉后压线(连同背布)。

7 上滚边(6cm×500cm，请依实际周长制作)。

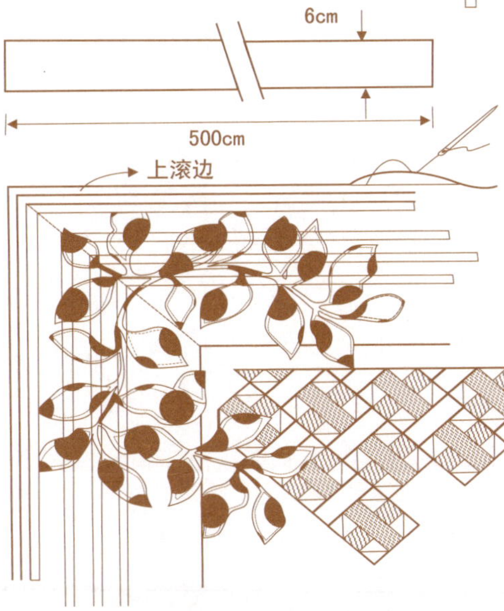

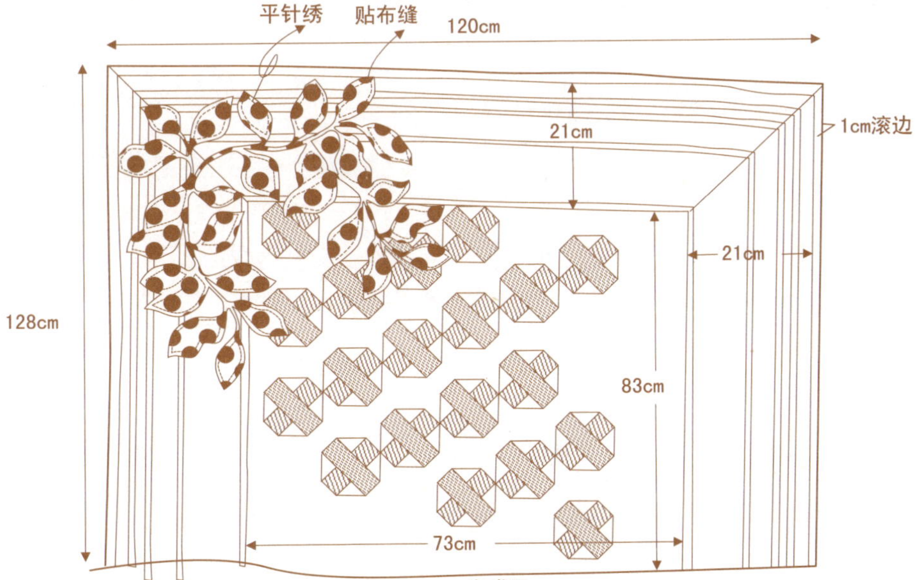

完成图

十字路口(壁饰) Page 71

- 配色布A—J：(约10色)各45cm
- 配色布L—P：(5色)各30cm
- 边条布A：135cm
- 边条布B：135cm
- 边条布C：180cm
- 滚边布：90cm

后背布：180cm

铺棉：180cm

❶ 配色布A—J任选7色(宽度自定)，拼接成30cm×30cm的正方形共12片(已含缝份)。

※注意：每片拼接花色顺序及宽度皆不相同，有变化。

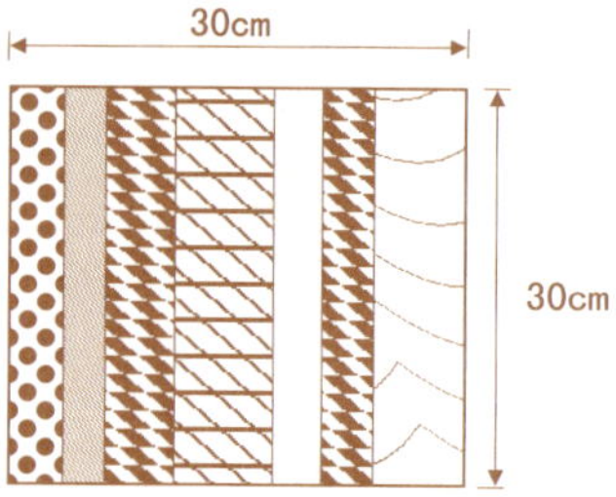

❷ 配色布L—P依纸型裁剪共12片(颜色任选)。

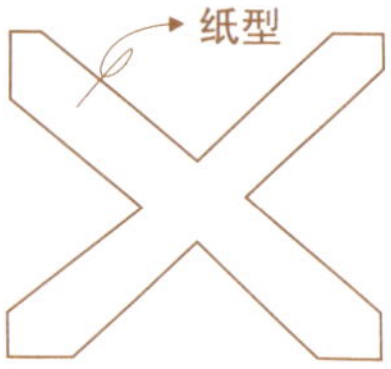

❸ 取步骤❶的30cm×30cm正方形裁剪成4份三角形，共48片。

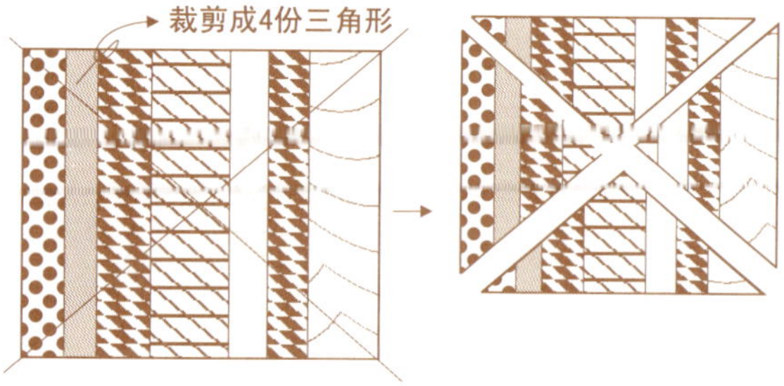

❹ 将48片三角形任意交换，拼接成正方形，共12片。

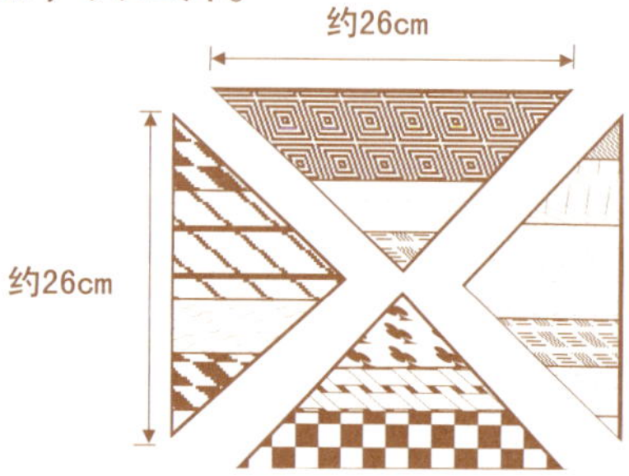

❺ 取步骤❷的纸型(12片)分别贴布缝至步骤❹并将多余的布裁剪整齐，备用。

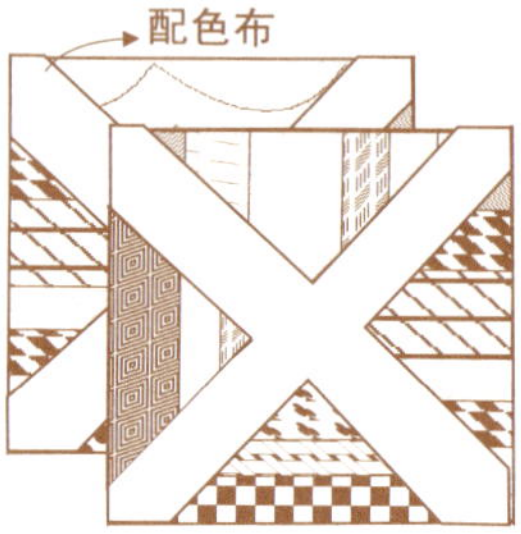

❻ 边条制作请依纸型裁剪并拼接制作。

❼ 完成表布后，铺棉、压线、滚边即完成。

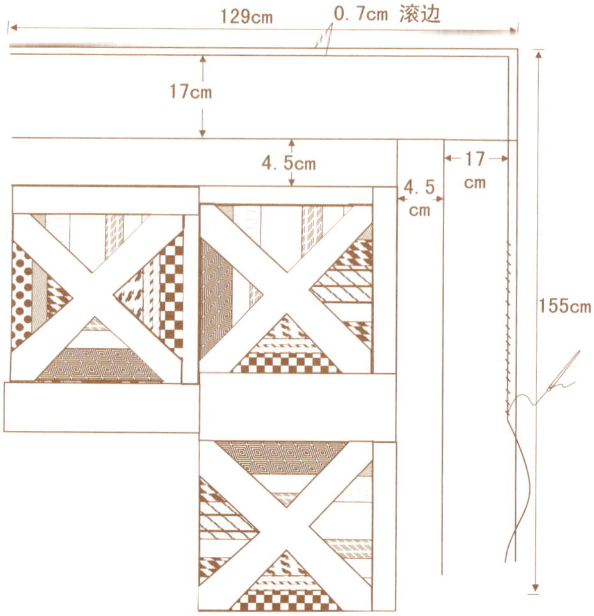

（尺寸图） 单位：cm

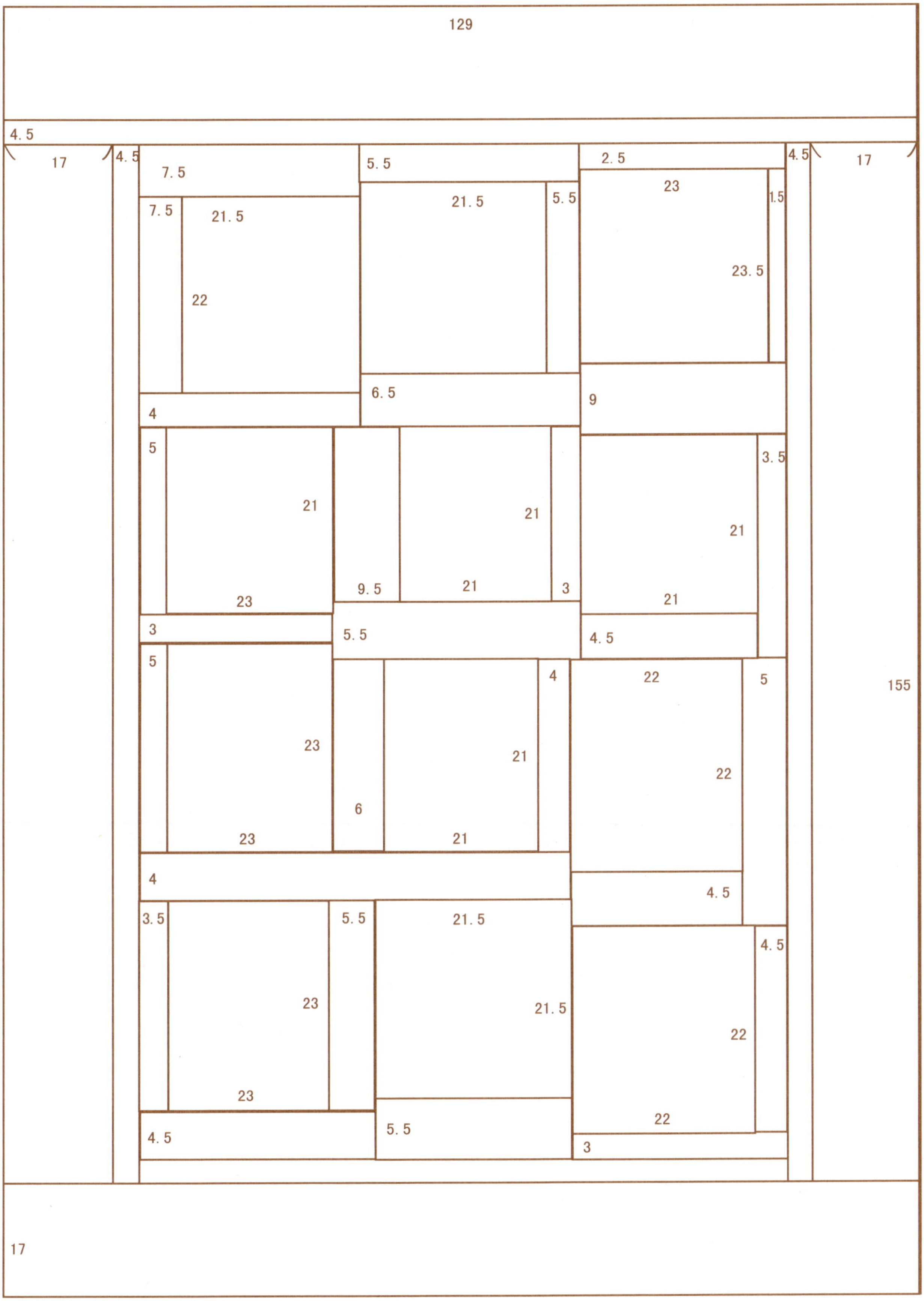
129
4.5
17
4.5
7.5
5.5
2.5
4.5
17
7.5
21.5
21.5
5.5
23
1.5
23.5
22
6.5
9
4
5
3.5
21
21
21
9.5
21
3
21
23
3
5.5
4.5
5
4
22
5
155
23
21
22
6
23
21
4
4.5
3.5
5.5
21.5
4.5
23
21.5
22
23
22
5.5
4.5
3
17

非洲迷情

Page 27

- 主布：90cm
- 铺棉：90cm
- 内里＋配色布：90cm
- 装饰扣：适量
- 皮提手：2.5cm×70cm

1 裁配色布1cm×45cm 1条、主布2cm×45cm、3cm×45cm各1条，依下图拼接成一长条。(请依实际需求制作数条备用)

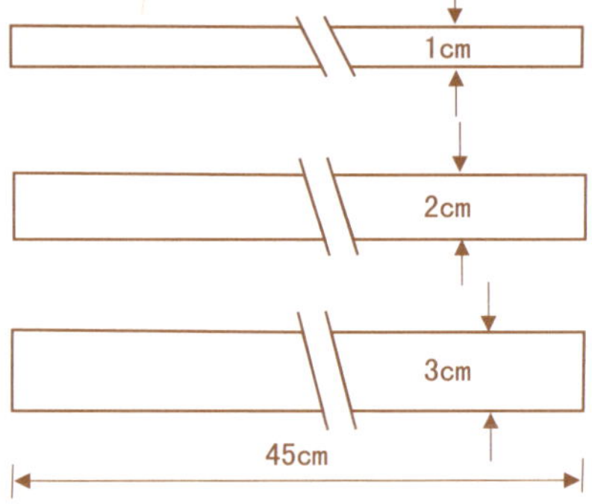

2 将步骤❶随意裁切成不规则条状。

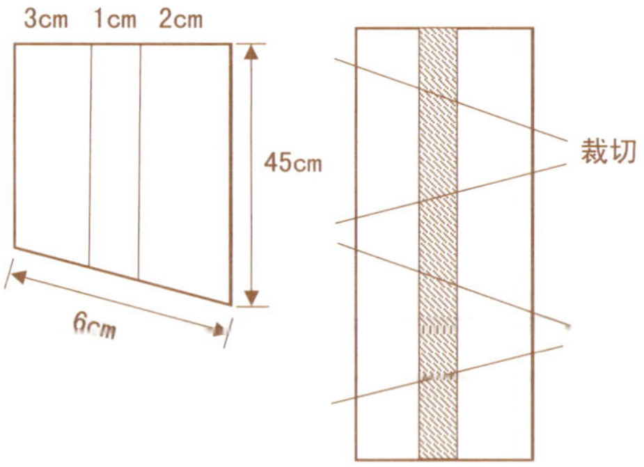

3 随意裁切布条与步骤❷拼接成下图的小方块，准备40～45块［完成的方块约4cm×4cm(不含缝份)］。

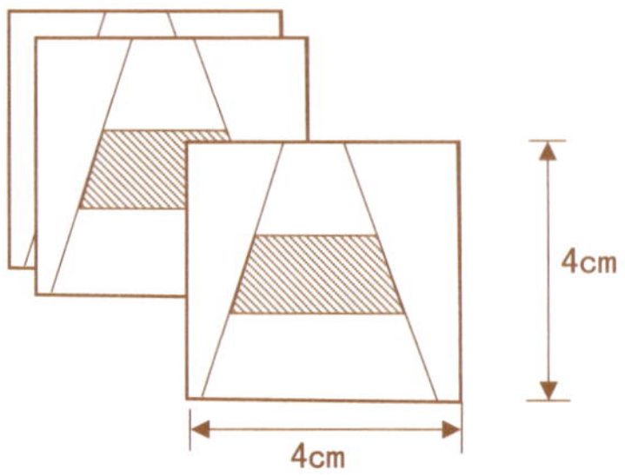

4 取主布裁剪4cm×4cm方块(不含缝份)，准备40～45块。

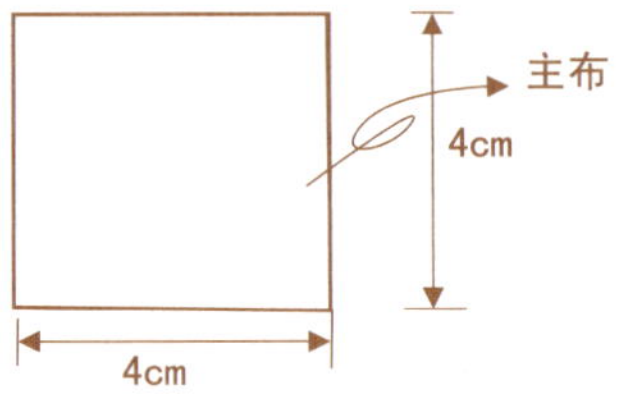

5 与步骤❸车合。

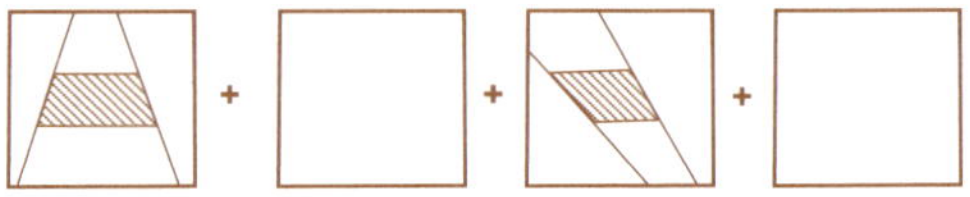

6 裁主布1.5cm×60cm 6条(不含缝份)。

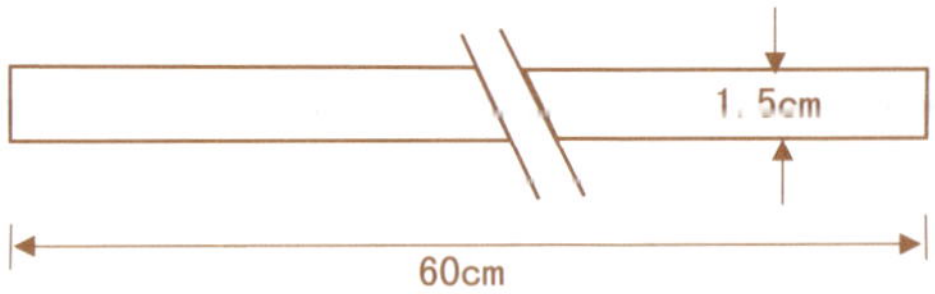

7 与步骤❺车合(如图)，共6条。

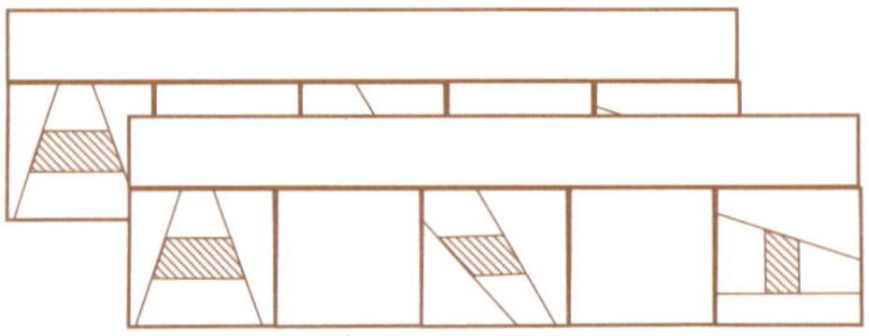

8 步骤❼的长条依45度角斜接成一大片65cm×45cm，铺棉后压线并依版型A(正面)剪下。

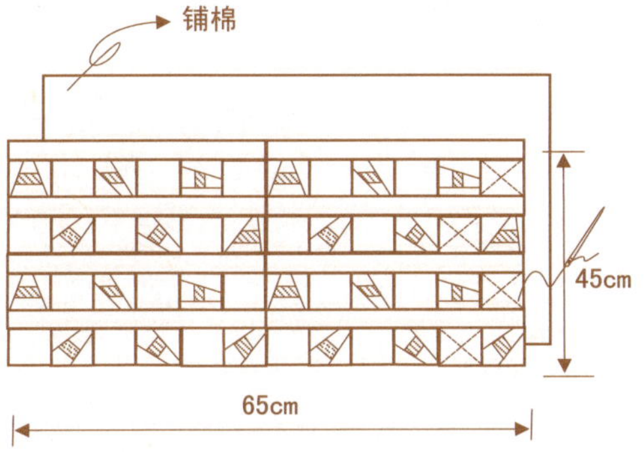

9 取主布铺棉压线，依版型B(反面)剪下。
★A、B各自依纸型车缝褶角。

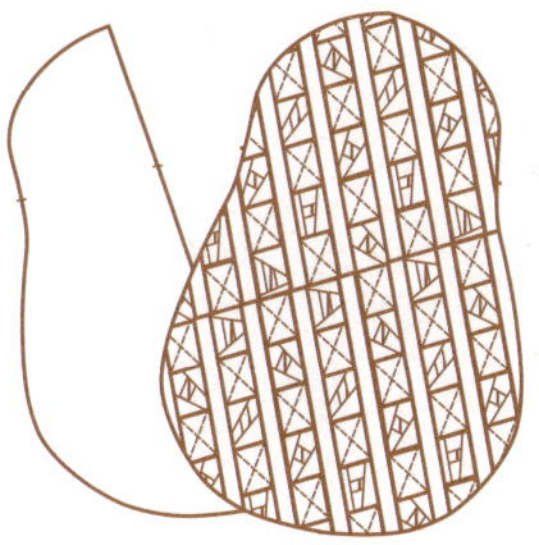

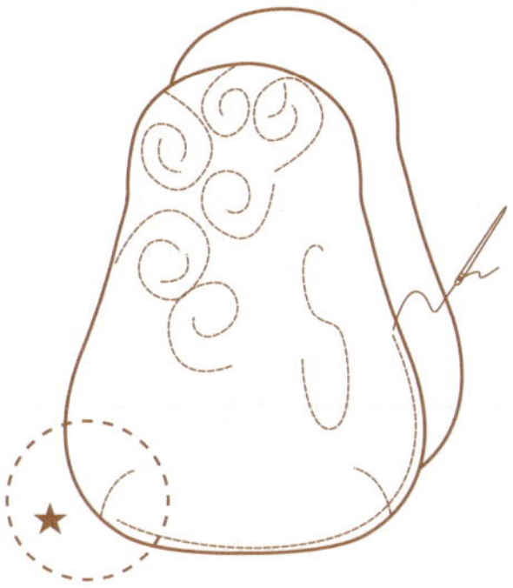

10 如下图，由a至b将2片主布缝合。

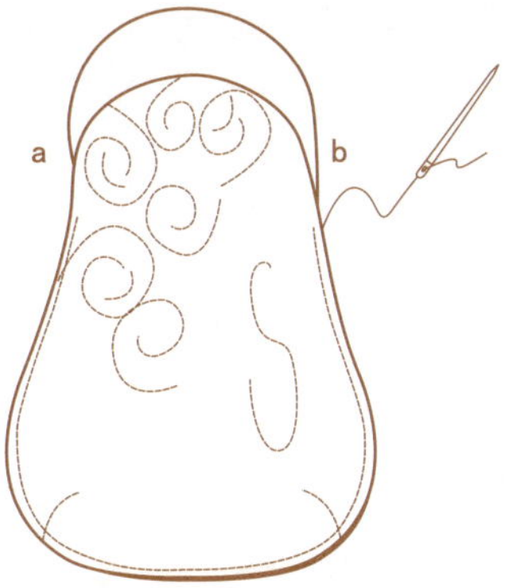

11 同外袋纸型制作内里并缝合，需在下方预留返口。

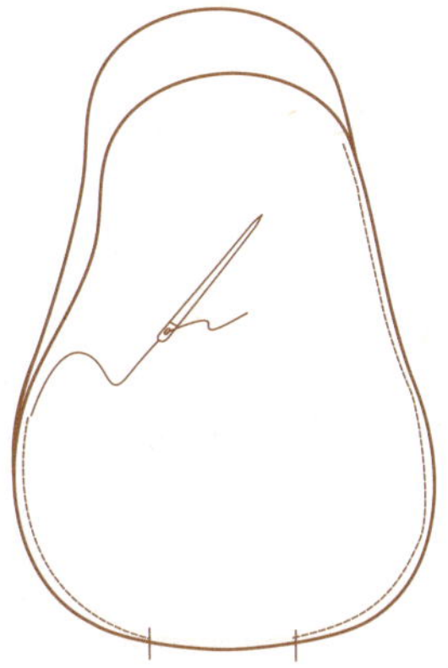

12 内、外袋中表后缝合上半部(如图)，从返口翻出再缝合返口处。

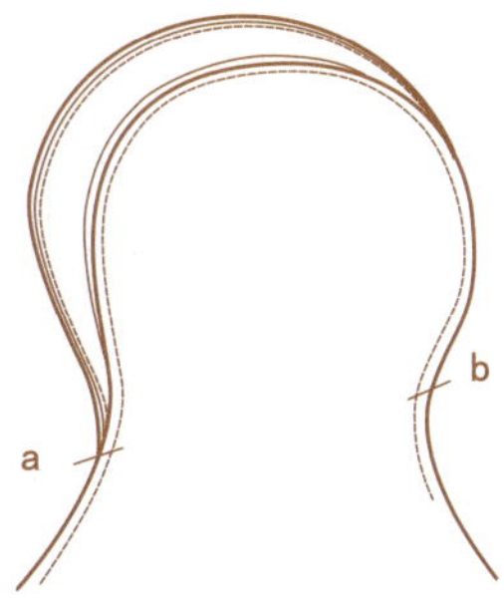

13 缝上装饰片及皮提手即完成。

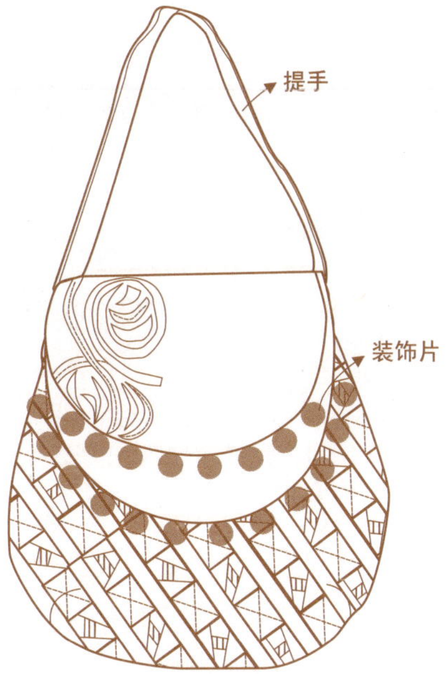

完成图

脱线女王

Page 59

- 铺棉：90cm
- 外袋：A、B 2片(女郎图案布)后背及口袋布：90cm
- 外袋盖口(条纹布＋滚边)：45cm
- 外袋挡布：20cm×83cm
- 内袋布：90cm
- 毛线少许、装饰扣4颗

28mm鸡眼扣：6副
白金扁平环：4副
白金锁头：1副
皮提手：3cm×40cm 1副

1. 将外袋(A、B)、外袋盖口、后背挡布各自铺棉压线，并依版型剪下。

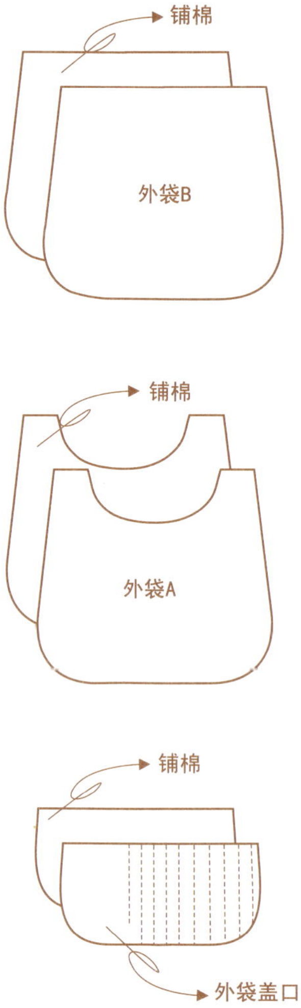

2. 将外袋A及后背用毛线及扣子装饰。

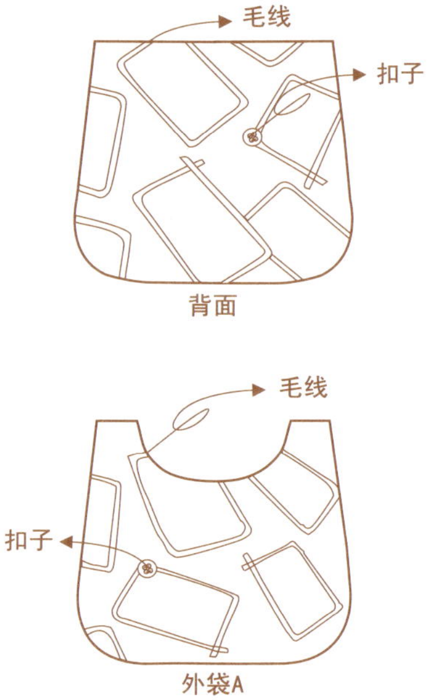

3. 取外袋A+外袋B+外袋盖口车(缝)合成前片。

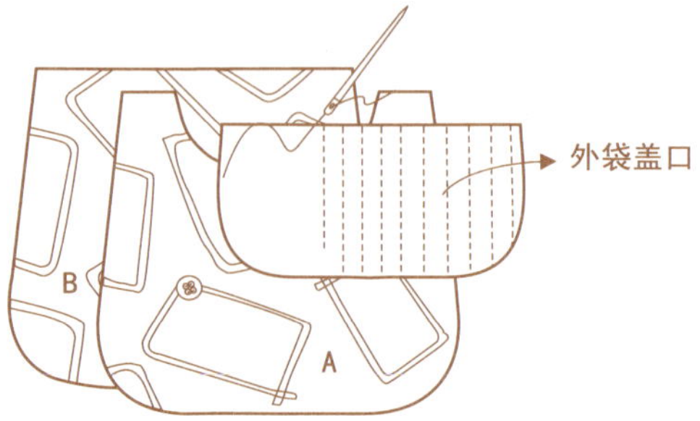

4 挡布与前、后片车(缝)合完成外袋。

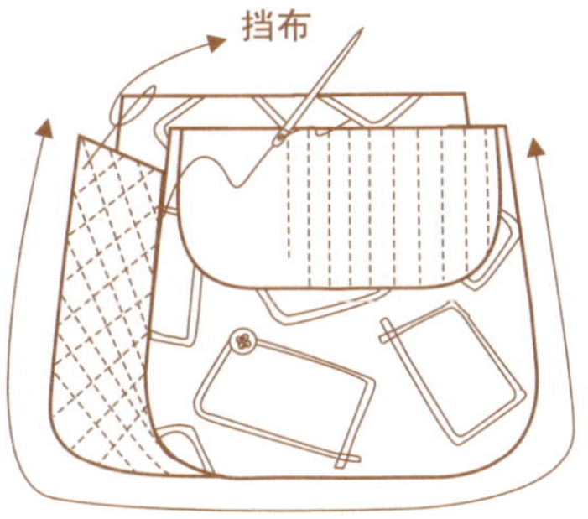

5 内里依外袋尺寸裁剪后车(缝)合。

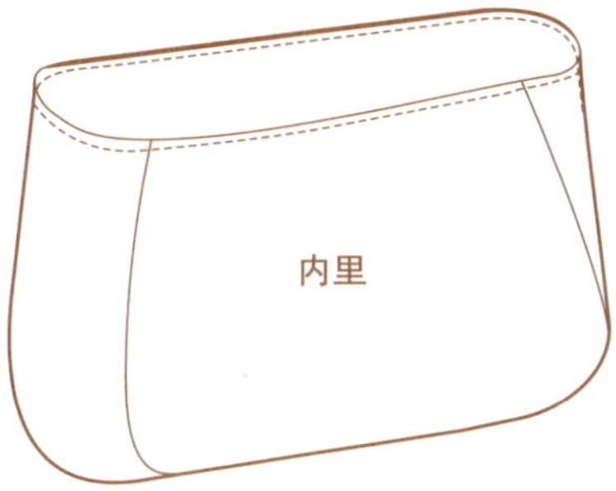

6 取滚边布裁剪4cm×90cm(长度请量实际袋口周长)。

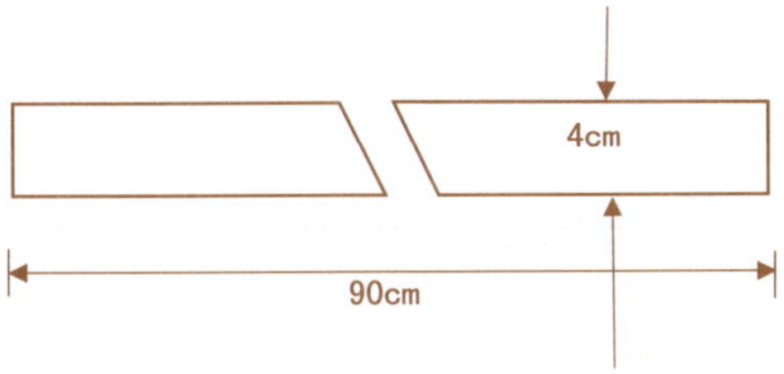

7 内、外袋同方向套好并缝合滚边条，完成内、外袋的接合。

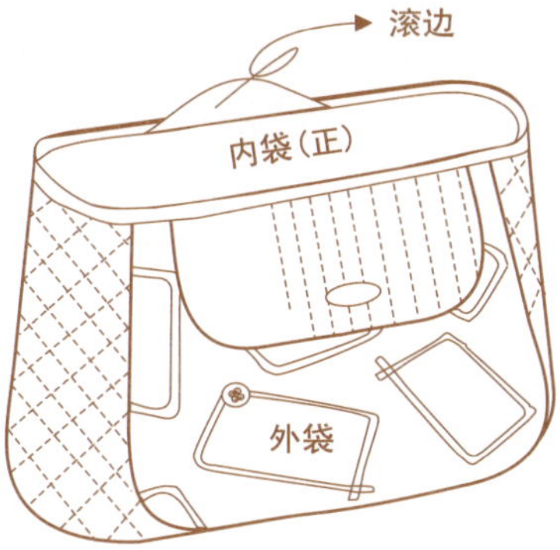

8 依纸型位置装上鸡眼扣及锁头，再装上白金扁平环及皮提手。

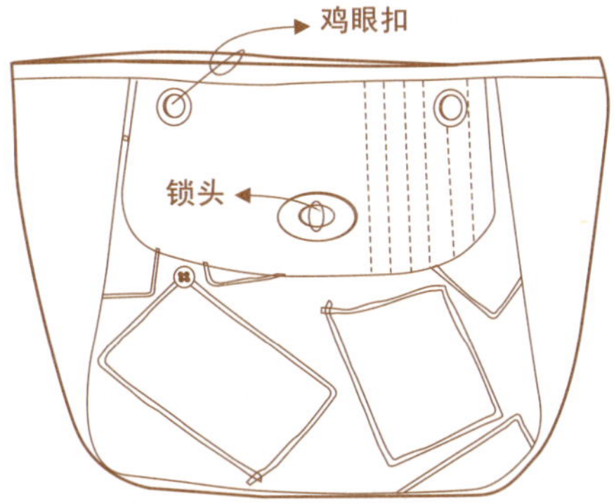

9 完成。

毛线花手提包

- 主布A：30cm
- 底布B：30cm
- 内里C：36cm
- 拉链：28cm
- 织带：4.5cm×30cm 2条
- 毛线：少许
- 配色布D：30cm
- 缩烫衬(30%收缩率)：1包
- 铺棉：45cm

1. 36cm×20cm主布A两片，铺棉再压线(含1cm缝份)。

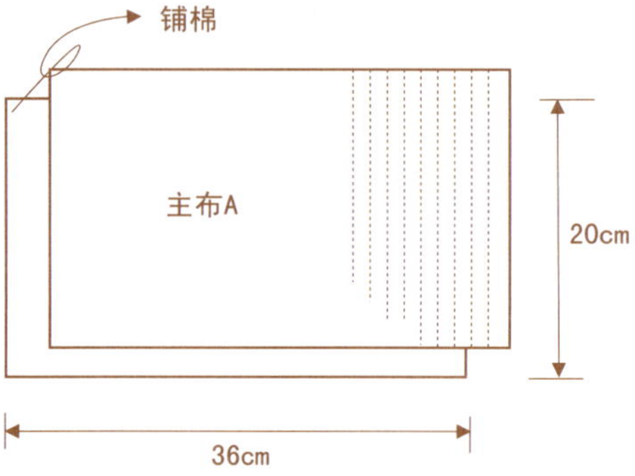

2. 19cm×19cm底布B，铺棉再压线(含1cm缝份)。

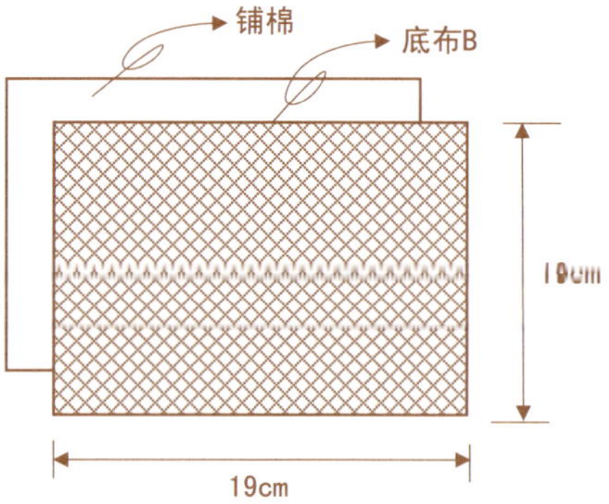

3. 制作花朵：

a.取配色布D+缩烫衬，将毛线随个人喜好车缝于上，并以熨斗缩烫。

b.剪下所需的形状后取布中表，留返口，翻出，缝合返口备用。

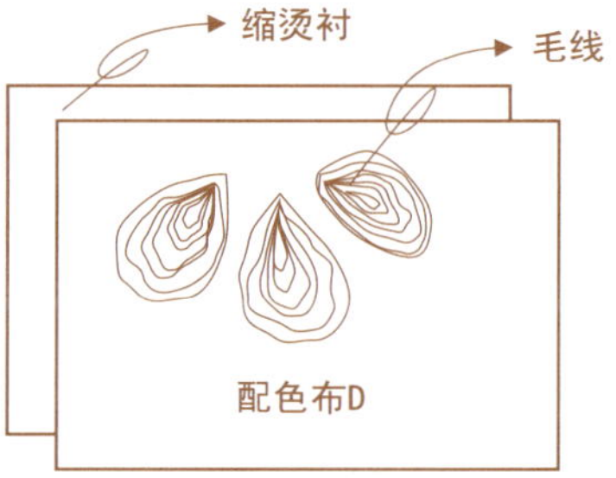

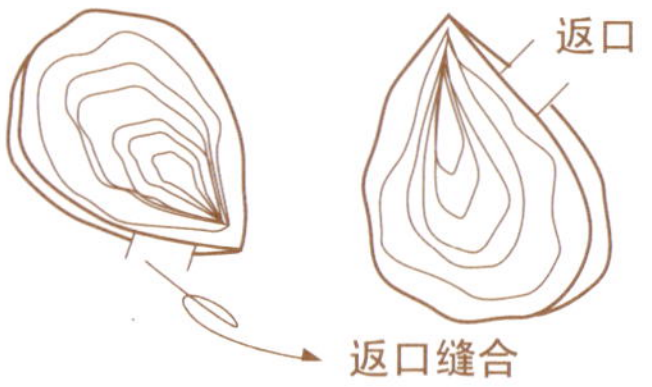

4. 将步骤❸的花朵置于步骤❶的主布A上缝合固定，并以毛线装饰。

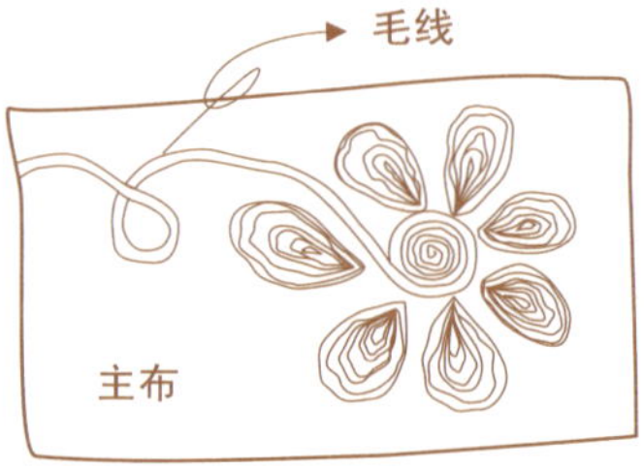

5 缝合主布A前、后片两侧。

6 车合底。

7 取织带4.5cm×30cm 2条，依下图车合中段。

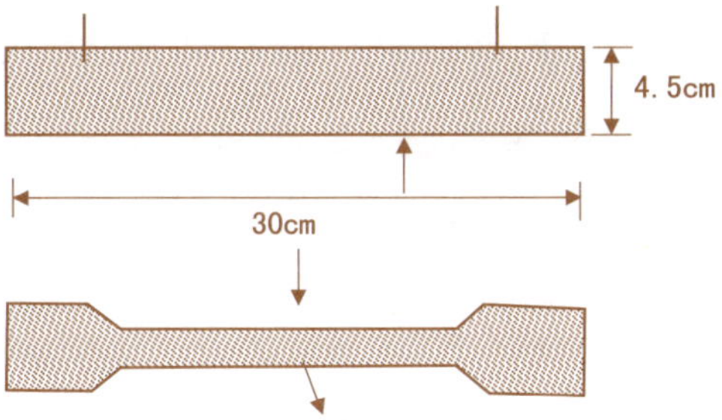

8 将提手缝合在主布上。

9 制作内袋36cm×55cm，车合两端，留返口，再折底17cm。

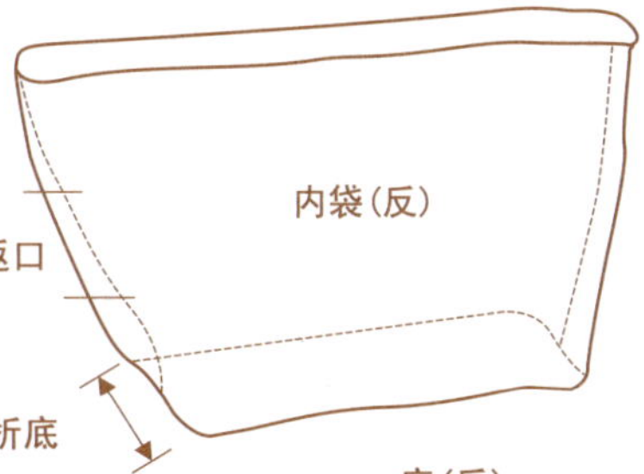

10 取内袋与主袋中表，车合一圈，自返口处翻出，缝上拉链即可。

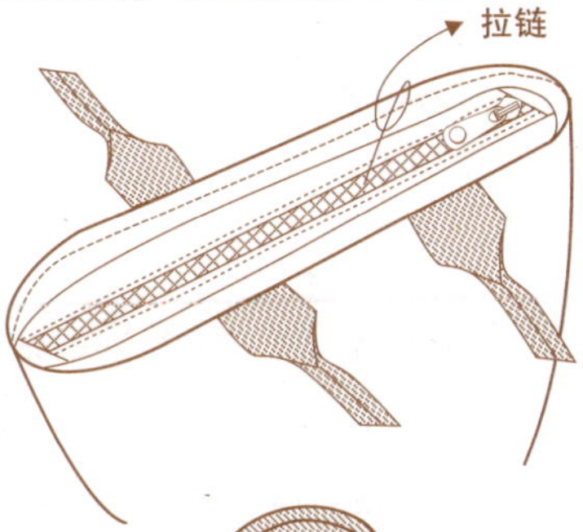

完成图

马德里

- A配色布：10种
- B布：45cm＋滚边4cm×50cm 1条
- C布：45cm＋滚边4cm×50cm 1条
- D主布＋内里布＋前口袋布：135cm
- E侧挡布：45cm＋滚边4cm×50cm 1条、滚边4cm×83cm 2条
- 铺棉：90cm
- 平面提手：45cm 1副
- 拉链：40cm 1条

1 依图一尺寸拼好24片9cm×9cm图案，并依图二拼接成一片备用。

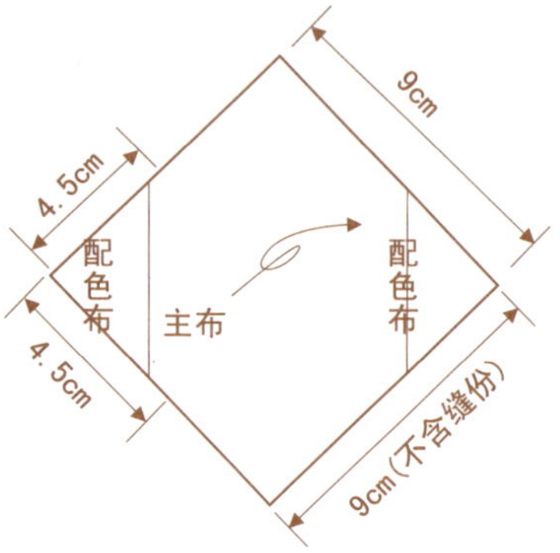

图一

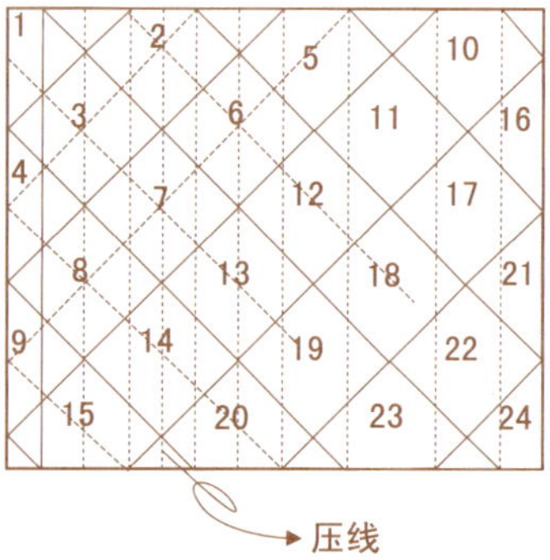

图二

2 依图三顺序接合B布+主布D，铺棉再压线(B、C布可依图案自由压线，主布D可参考图二)。

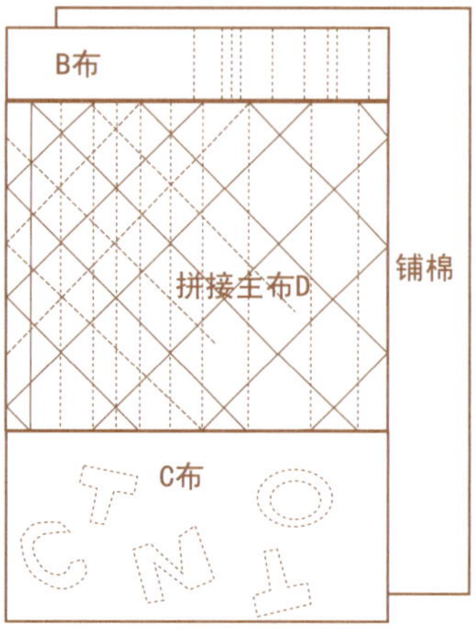

图三

3 延续步骤❷滚边(C布)＋拉链(单边)。

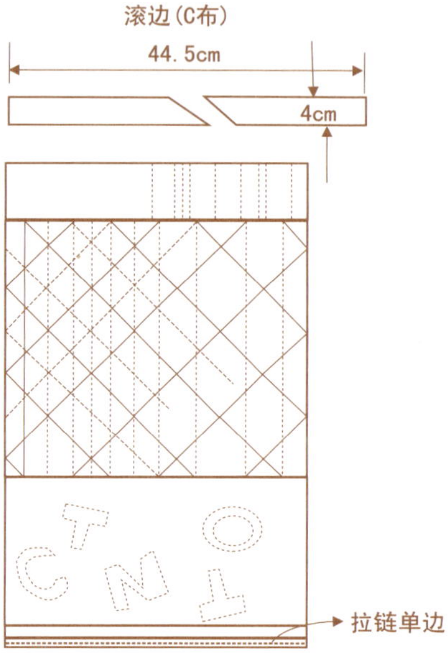

4 缝合前口袋布约44.5cm×40cm于拉链上。

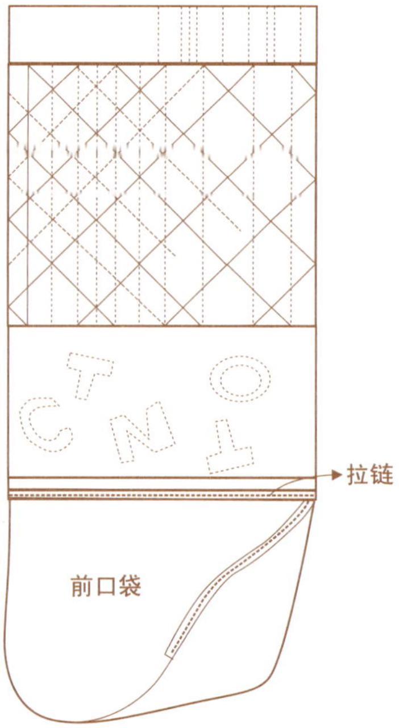

5 取B布铺棉再压线并用E布滚边。

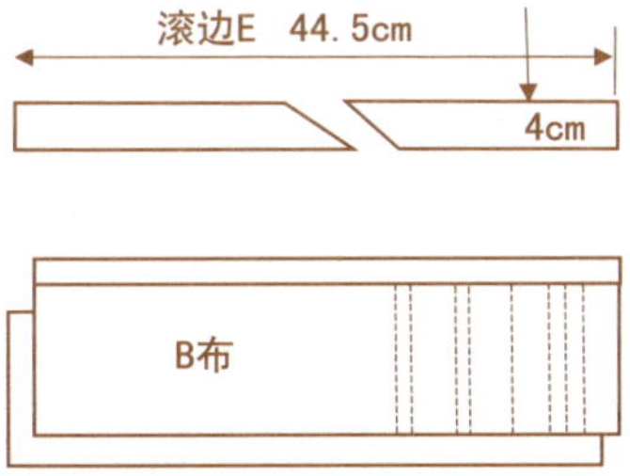

6 与步骤❹缝合。

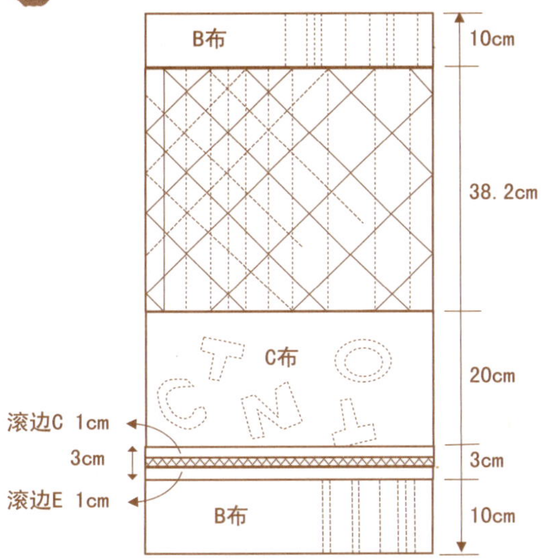

7 依图四纸型将侧挡布2片铺棉再压线，打褶与内里中表备用。

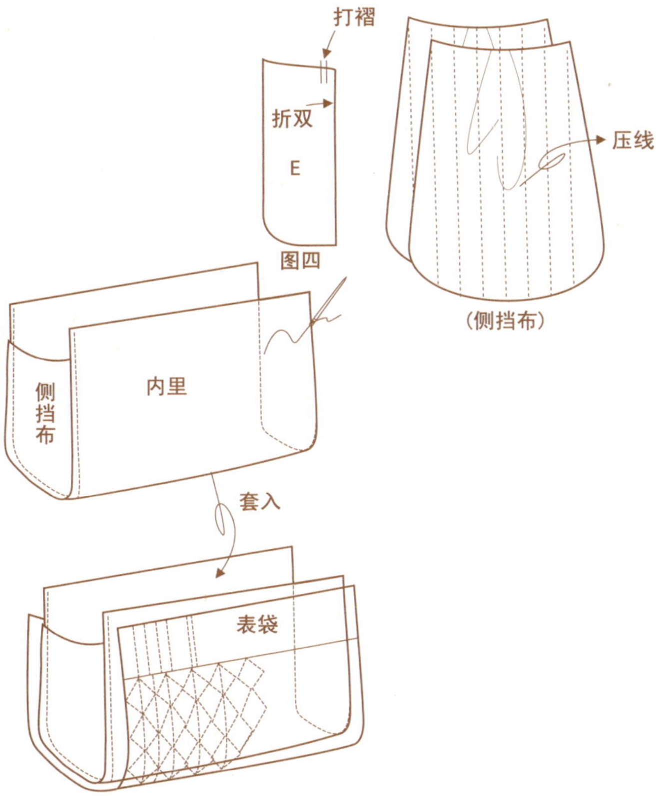

8 取步骤❻与内里布疏缝四周。

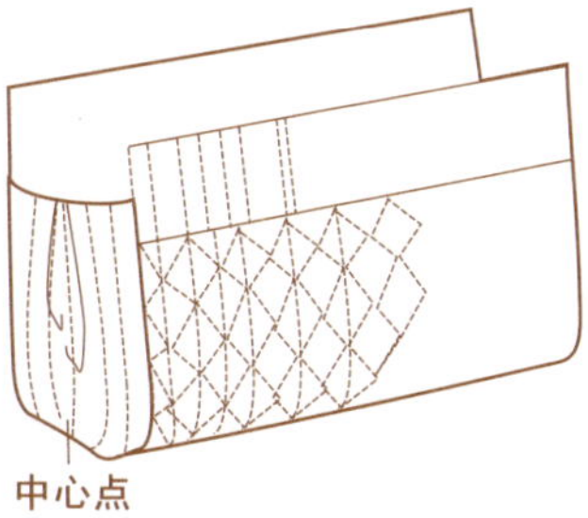

9 取步骤❽与步骤❼缝合。

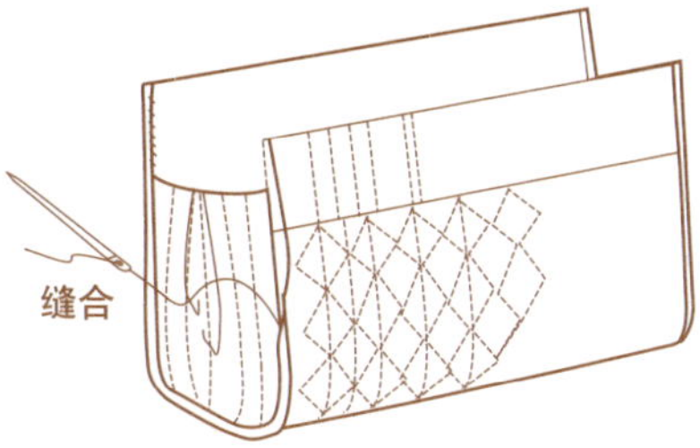

10 上滚边E布与两端的滚边B布。

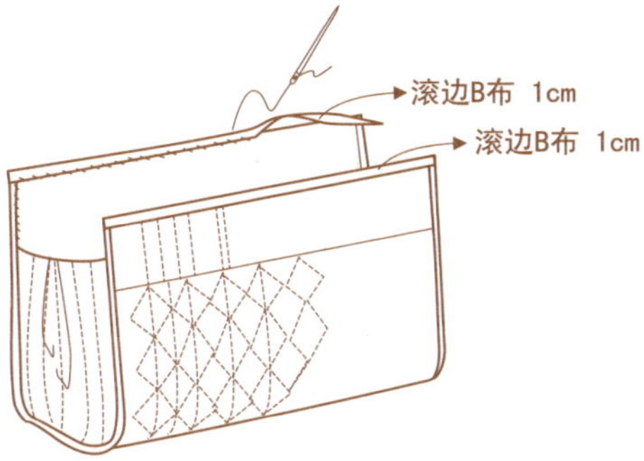

11 缝合提手完成。

- A水玉布：45cm
- B图案布：55cm
- C素色布：45cm
- D后背素布：45cm
- E素色布数种：各30cm
- F内里布：90cm
- 铺棉：90cm
- 坯布：90cm
- 金色锁头：1副
- 圆形提手：1副

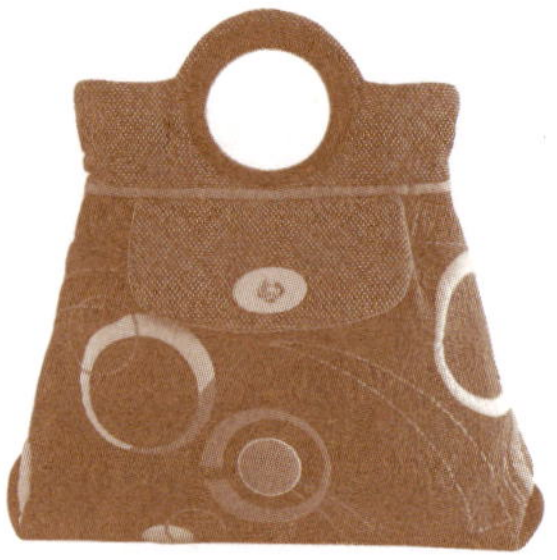

1 水玉布裁40cm×20cm，铺棉后压线(45度角20cm方形格)，依纸型剪下。

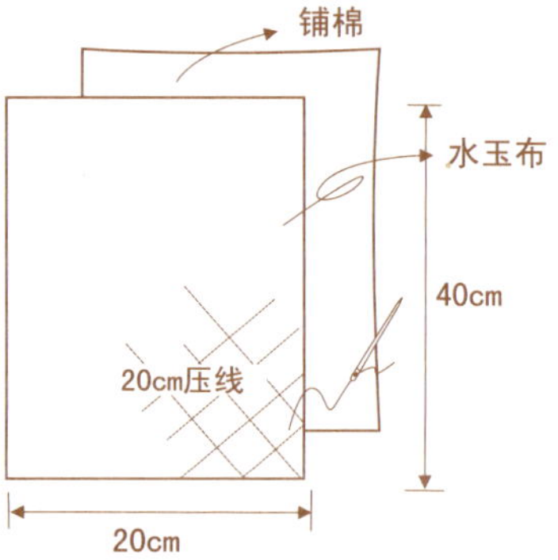

2 图案布55cm×40cm，铺棉后自由压线。

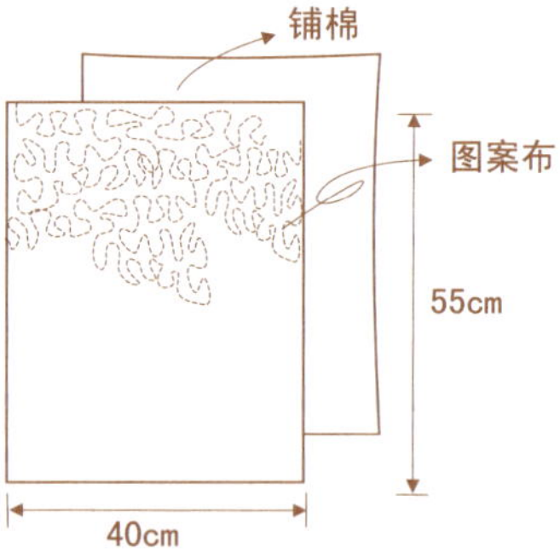

3 后背布贴上数字(依纸型剪下，贴布缝在适当位置)。

4 取步骤❸铺棉压线(每间隔0.7cm压一道)。

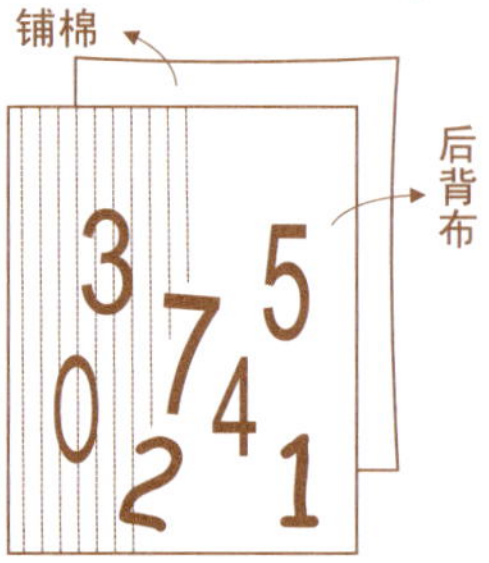

5 取步骤❶依纸型剪下。

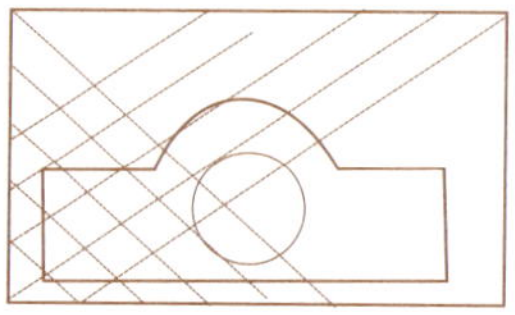

6 取步骤❷依图裁下并打折固定，依版型剪下袋口取内里布沿袋口车合，制作前口袋。

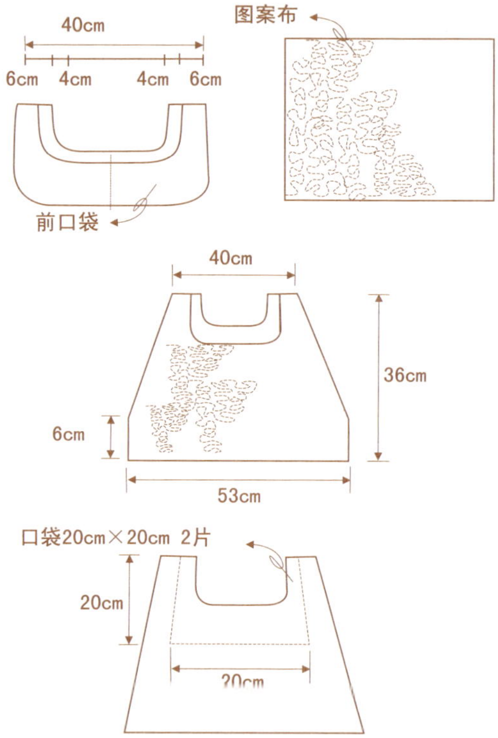

7 制作上盖：取水玉布铺棉压线，并依纸型剪下，背布夹芽条与正面中表车合成上盖，安装锁头(依图示位置)，置于步骤❻的中心。

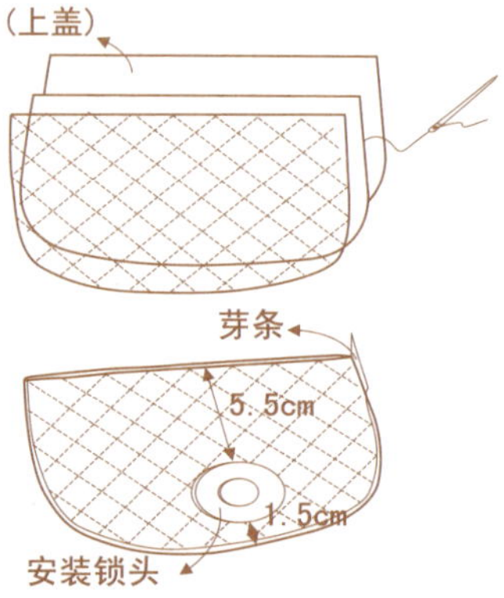

8 裁C布斜布条(滚边条)4cm×40cm于图示位置车缝固定。

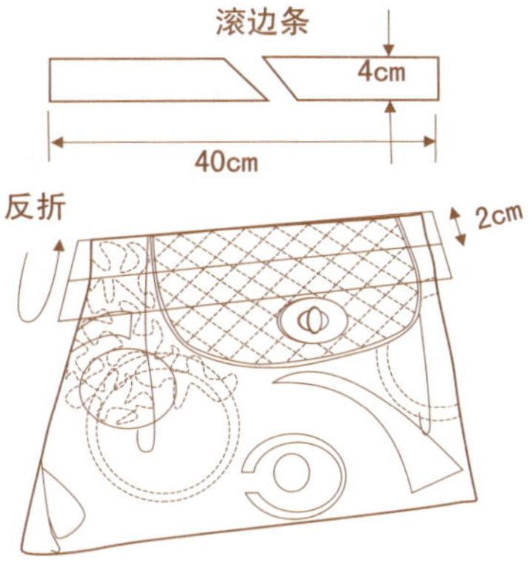

9 步骤❶与步骤❽中表车合。(1cm缝份)

10 背面同正面做法。

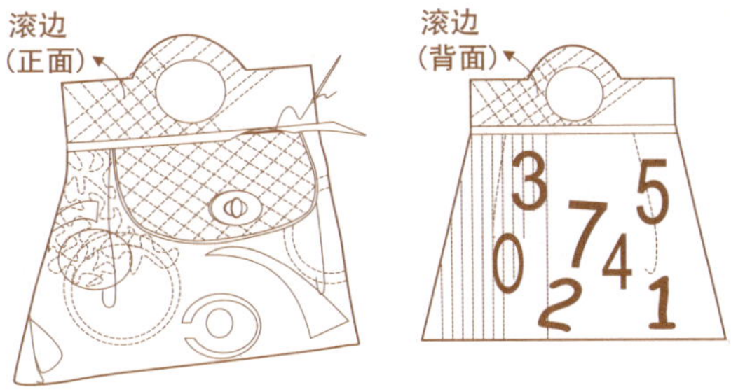

11 依图示缝合袋底，以缝合处为中心线向左、右5cm处，以藏针缝缝合底布(同后背素色布)和前、后片，并折底10cm后车缝两侧。

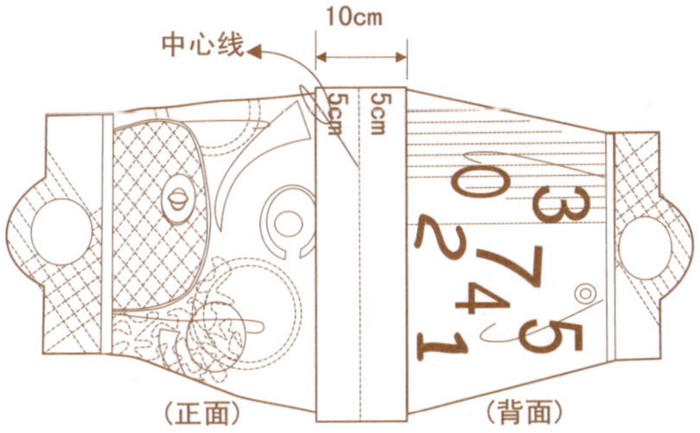

12 将里布裁成与步骤⓫相同大小。

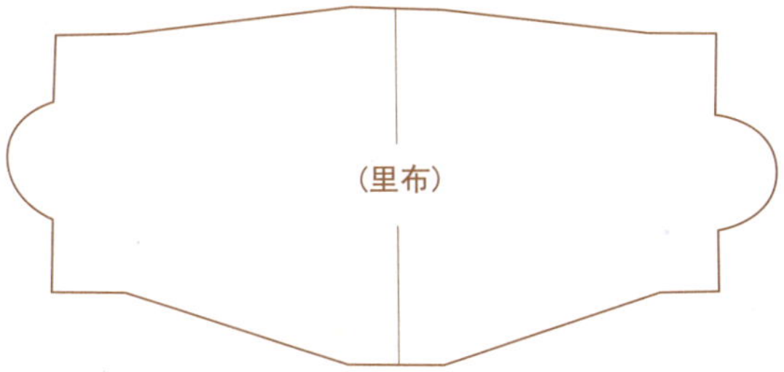

13 车合两侧，留返口于侧边，折底10cm。

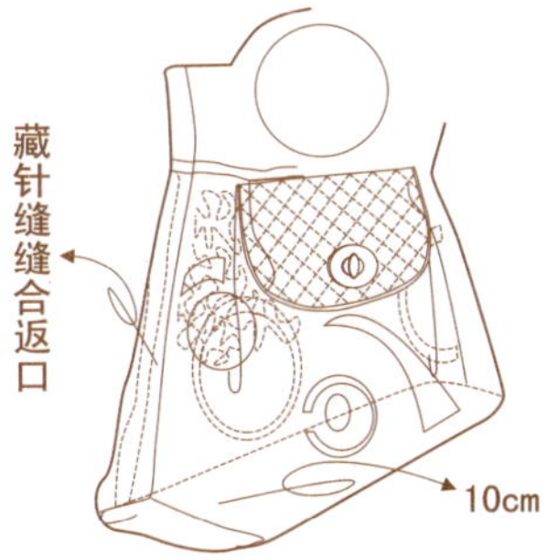

14 内、外袋中表，缝合提手上方一圈，由返口翻出并以藏针缝缝合返口。

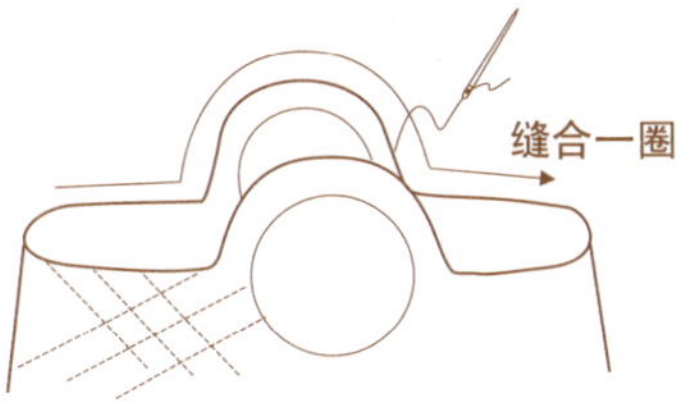

15

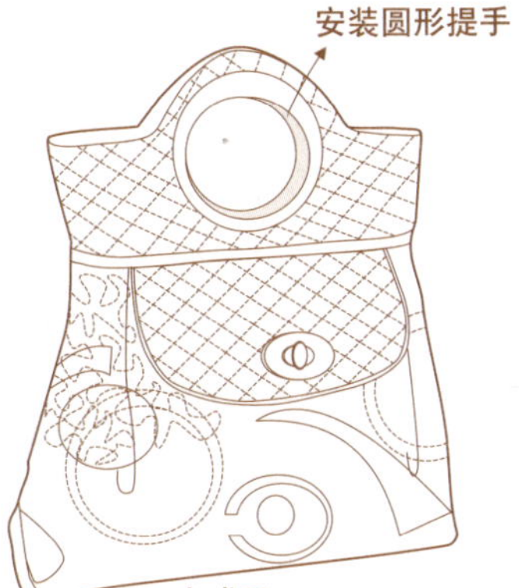

完成图

16

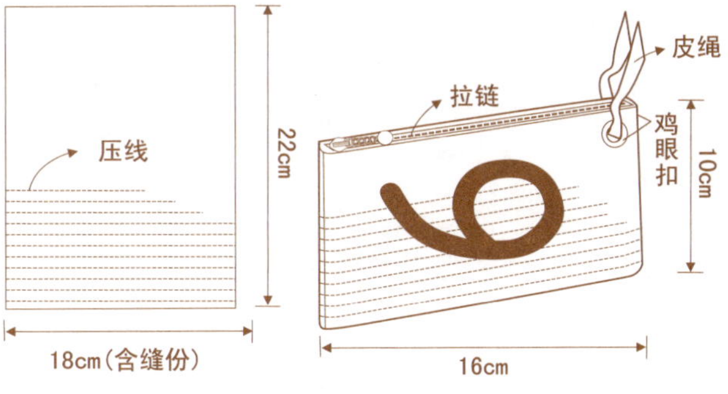

完成图

银河晚宴包

- 主布：30cm
- 里布：30cm
- 铺棉：30cm
- 配色布：3色各30cm
- 压克力提手：1副

1. 主布固定于铺棉上压线(2.5cm正方斜格纹)。

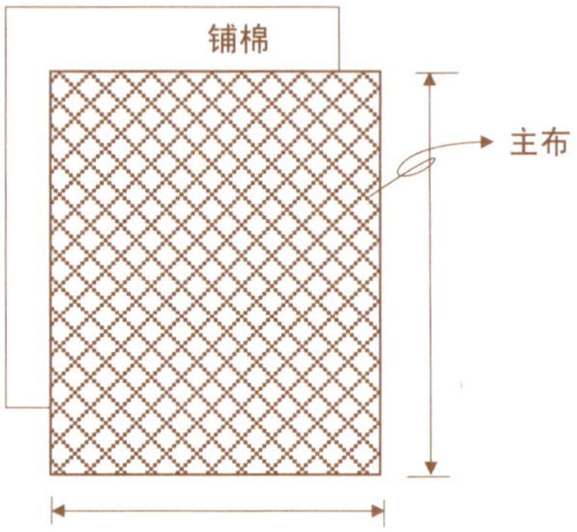

2. 依纸型剪下外袋2片。

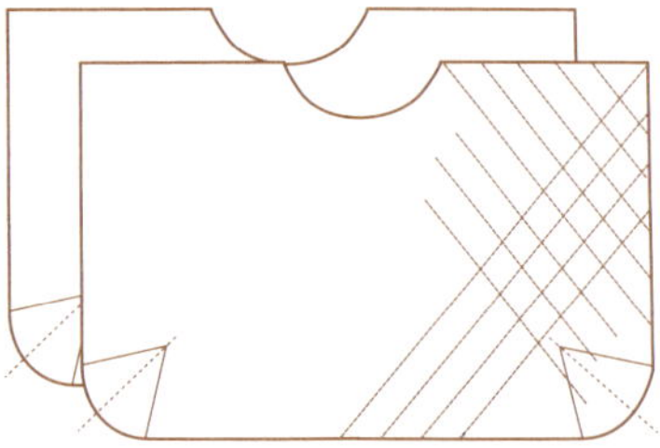

3. 配色布随意裁剪成直径15cm、18cm、20cm的圆形5片，并依示范图固定于表布。

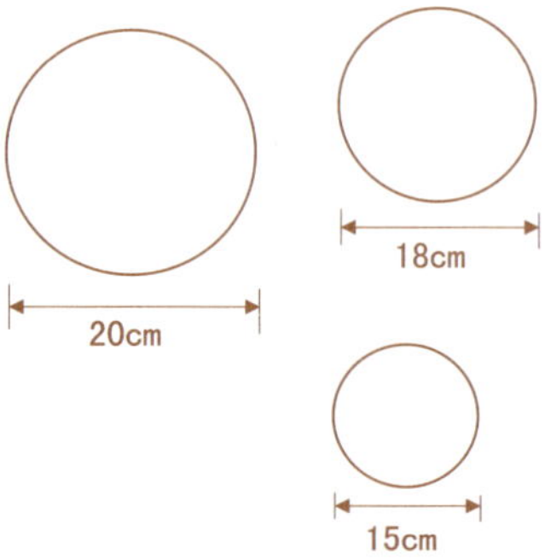

4. 外袋2片3边接合，折底10cm，外袋完成。

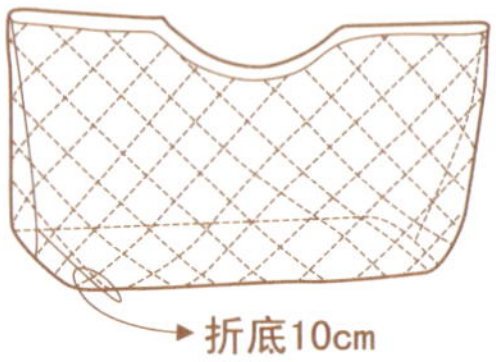

5. 里布依外袋尺寸裁剪车合并折底(需留返口)。

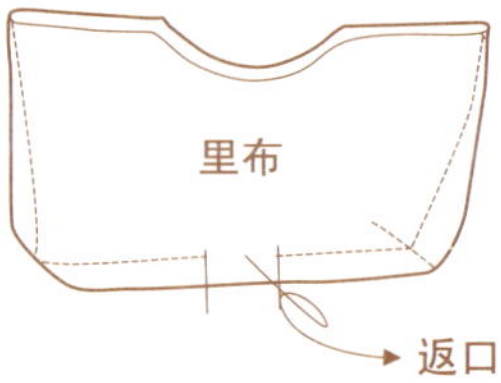

6. 中表，内外袋于袋口缝合并返回正面。

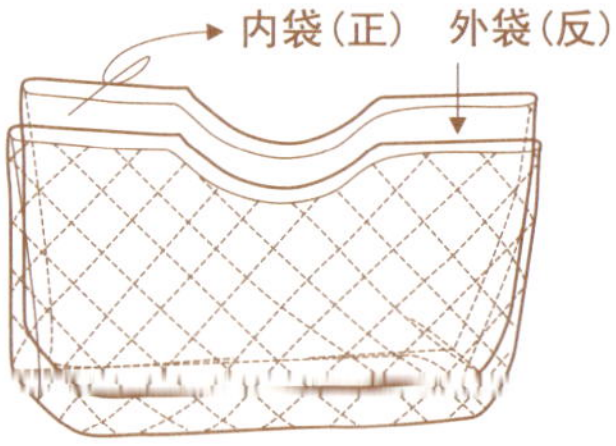

7. 缝返口，装上压克力提手即完成。

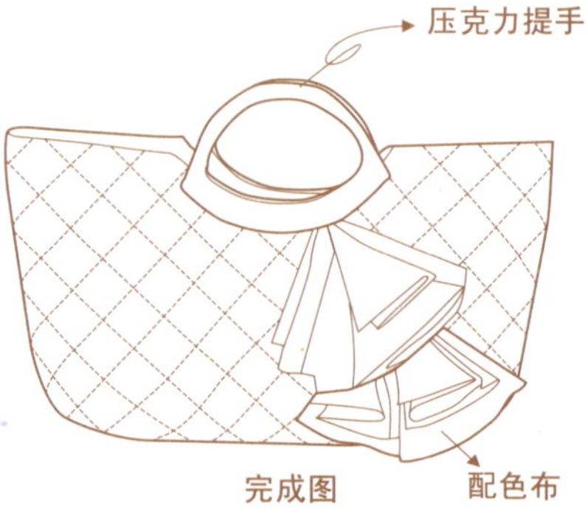

千红万紫包

- 主布A：30cm
- 11cm×26cm(含缝份)
- 18cm×26cm(含缝份)
- 3cm×26cm(含缝份)
- 8cm×26cm(含缝份)
- 5cm×25cm 6条(斜布条)

配色布B(水玉)：30cm
C(米白)：30cm
D(红)：30cm
内里布：30cm
拉链：20cm 1条
棉质织带：2cm×6cm 2条

铺棉：18cm×26cm 2片

1 将配色布D 5cm×25cm 2条重叠，于中心线距离0.5cm处平针缝合如图，再拉缩，准备3份。

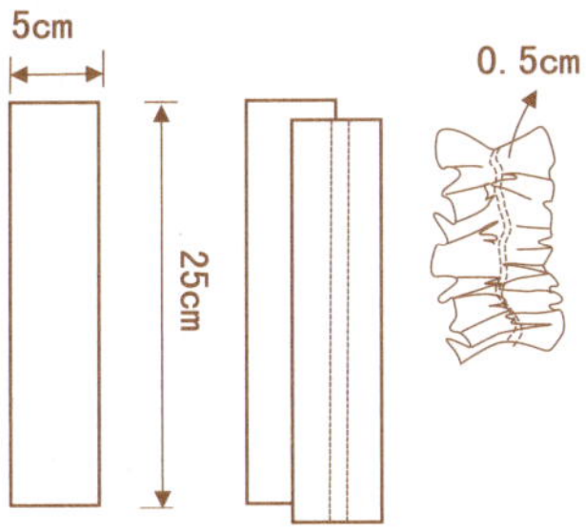

2 正面将配色布B+步骤❶的抽皱布条C+主布A依序拼接，铺棉。

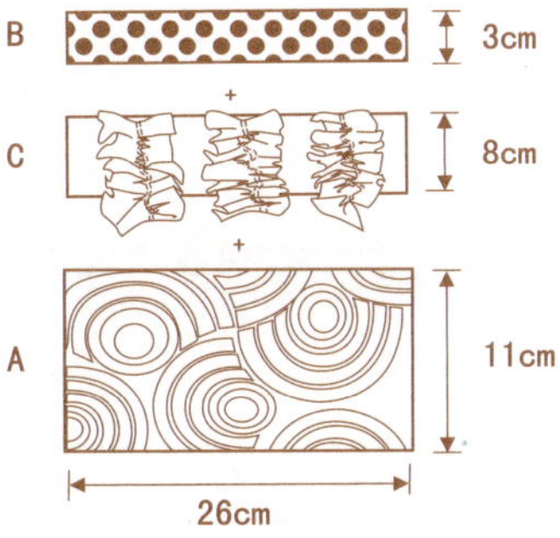

3 背面：配色布B+主色布A拼接再铺棉。

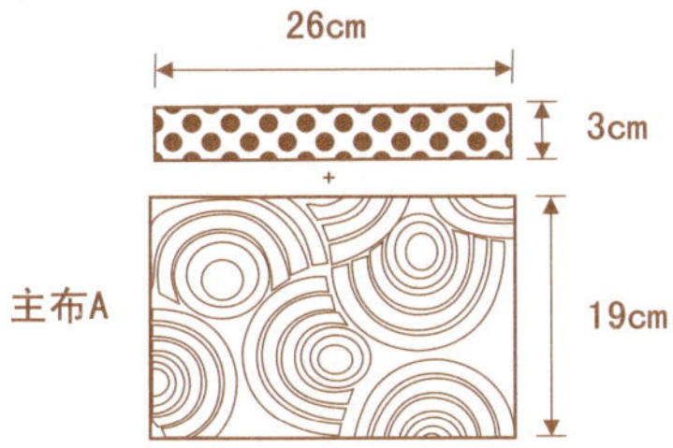

4 车上拉链。

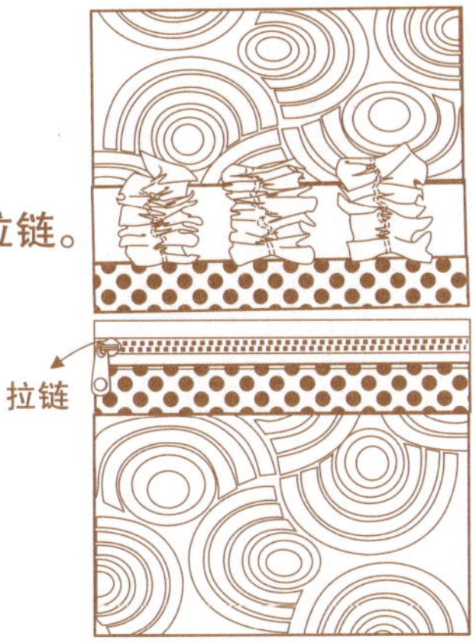

5 车合两侧及底部，折底7cm。

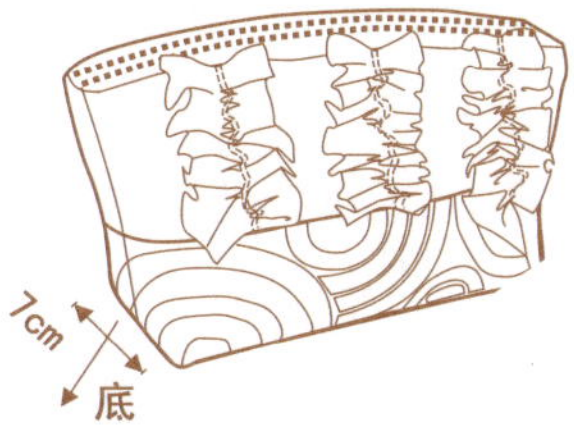

6 拉链两侧夹车2cm×6cm的棉织带折车4cm。

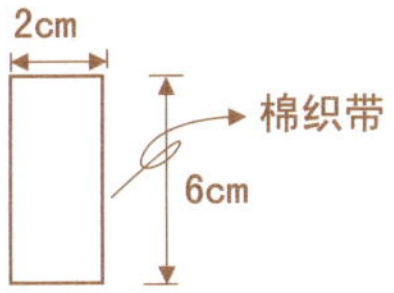

7 制作内袋18cm×26cm，车合两侧，折底7cm。

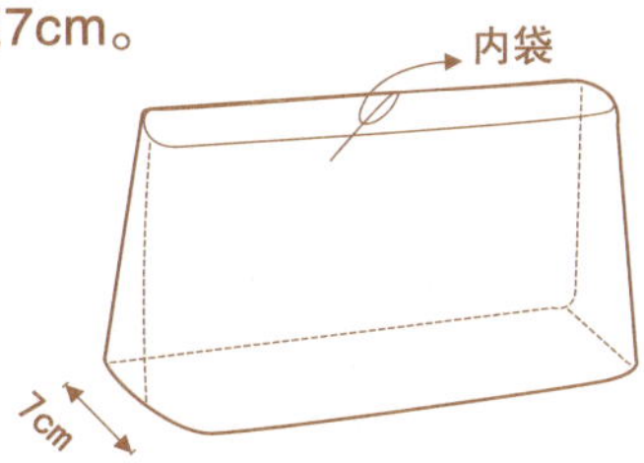

8 贴布条装上拉链完成。

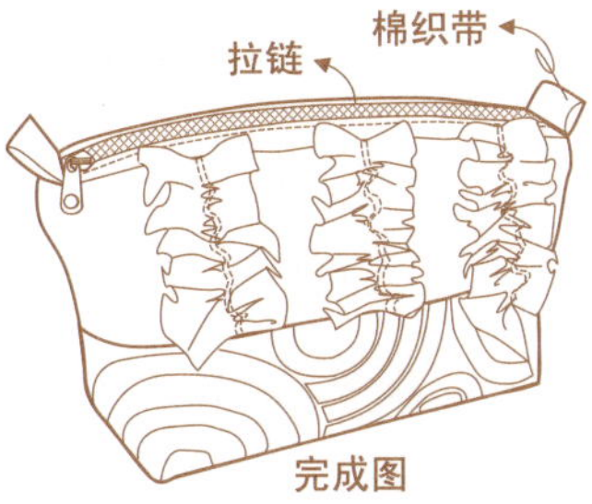

口是心非

- 主布A：90cm
- 侧边布+滚边+提手：90cm
- 内里+挡布：135cm
- 配色布：数种各15cm
- 拉链：30cm
- 织带：3cm×60cm 2条
- 铺棉：135cm

(同P.47《汪汪大眼睛》，请参考P.48~53示范教学)

1. 水玉布裁40cm×45cm，铺棉再压线(45度角2cm方形格)，依纸型剪下。

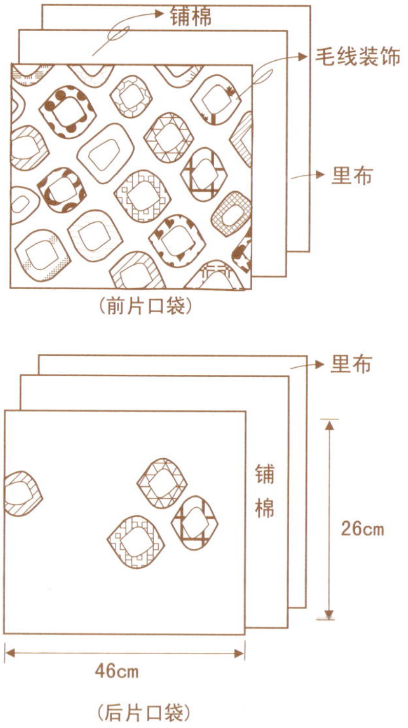

2. 口袋滚边4cm×42cm 2条。

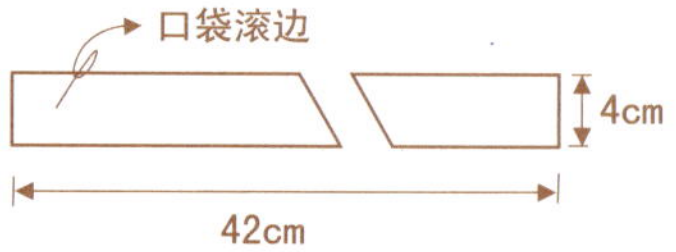

3. 上方袋口滚边4cm×70cm 2条。

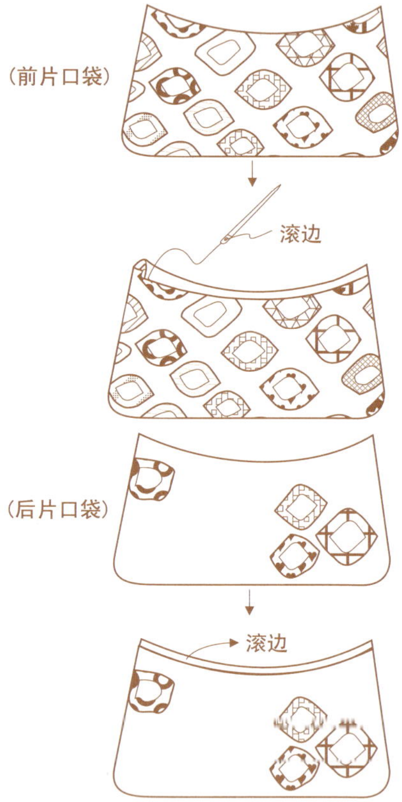

4. 口袋布放于主布A上方，弧度处疏缝0.5cm。

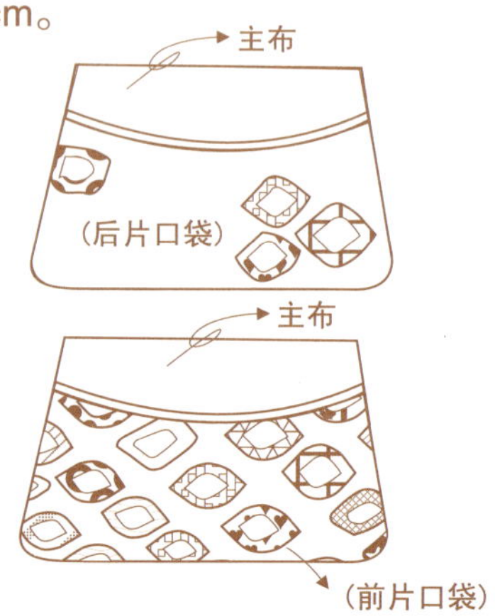

5 完成里袋。

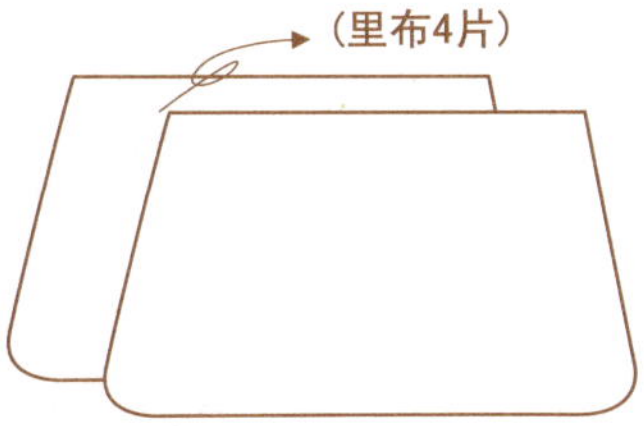

6 侧挡布20cm×88cm（做法参考P.51的步骤⑲~㉑）。

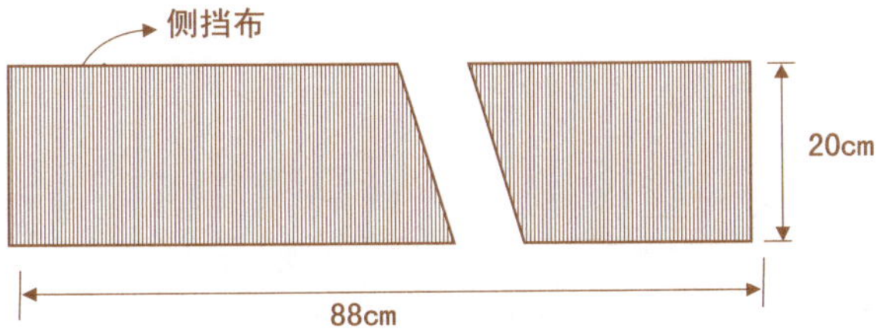

7 步骤❻与步骤❹组合（做法参考P.51～53的步骤㉒~㉙）。

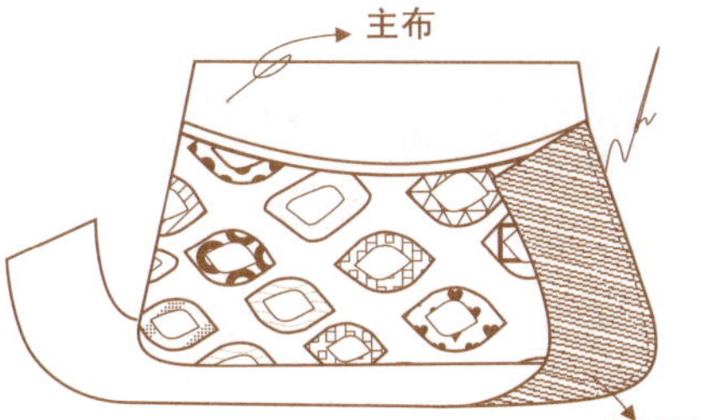

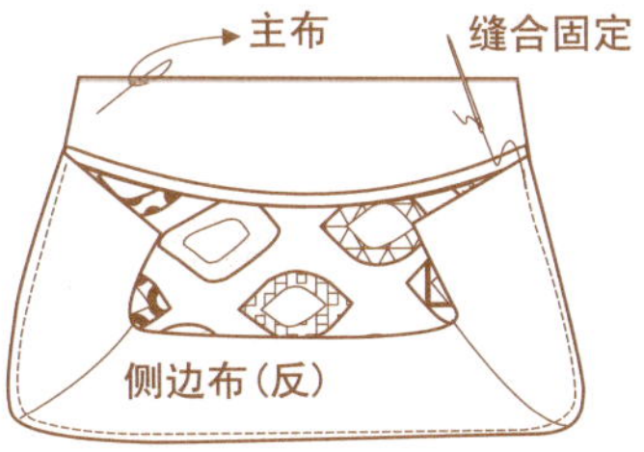

8 步骤❶与步骤❼中表车合，里袋套入表袋内。

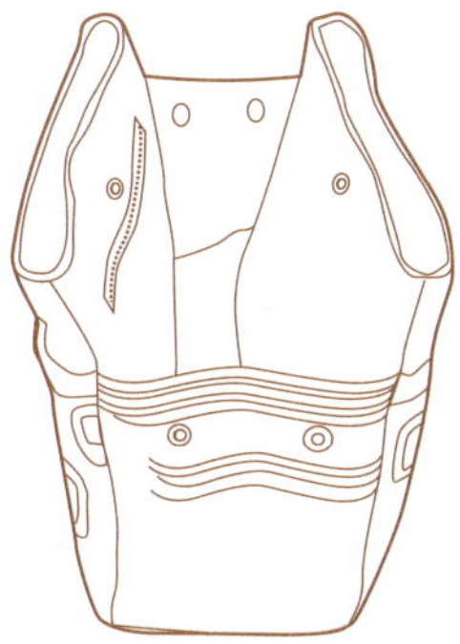

9 将拉链口布与袋口车缝固定，滚边。

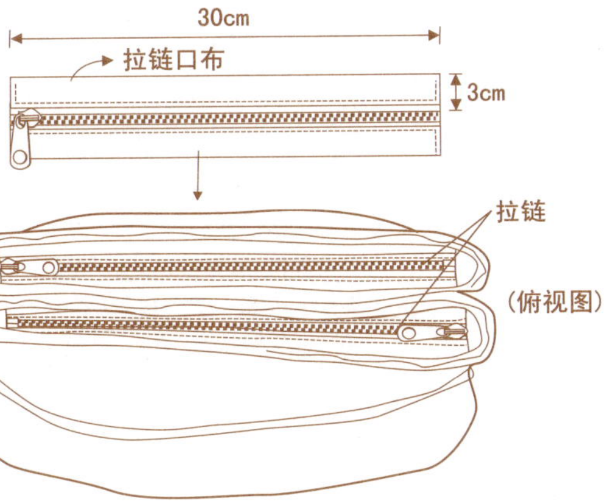

10 背面同正面做法。

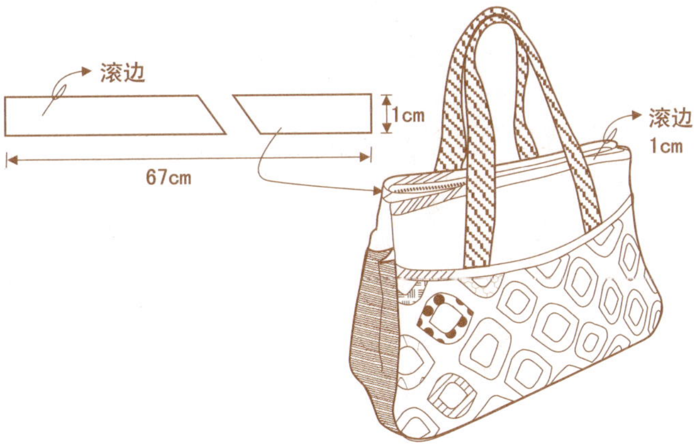

我爱紫色雏菊

- 主布：图案布60cm
- 内里：90cm
- 拉链：45cm
- 鸡眼扣：32mm 8个
- 配色布(接皮带环用)：(后背主布B+上盖+滚边+袋底布条)90cm
- 背带：105cm×1.8cm 2条、白金皮带环4个
- 铺棉：90cm
- 毛线：少许
- 白金锁扣：1个

1. 依图案布裁剪主布A：80cm×31cm(已含缝份1cm)，铺棉、压线(可沿布的线条压线)。

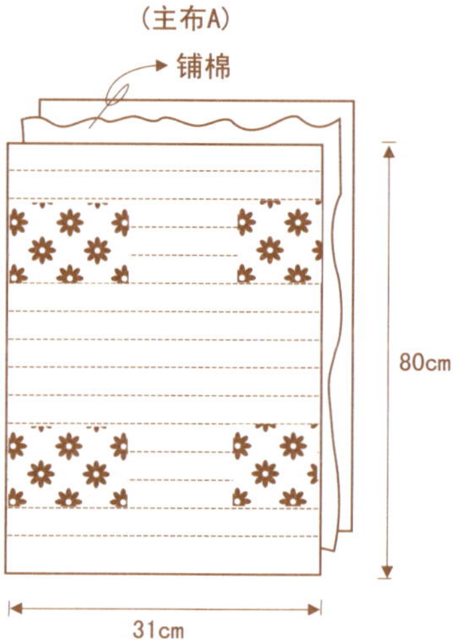

2. 后背主布B：24cm×31cm(已含缝份1cm)及上盖、底部皆铺棉、压线(2.5cm正菱形格)。

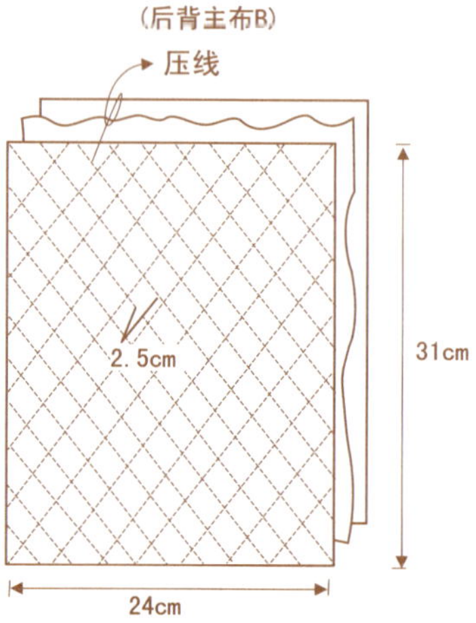

3. 上盖与后背内里布(中表)，车合备用。

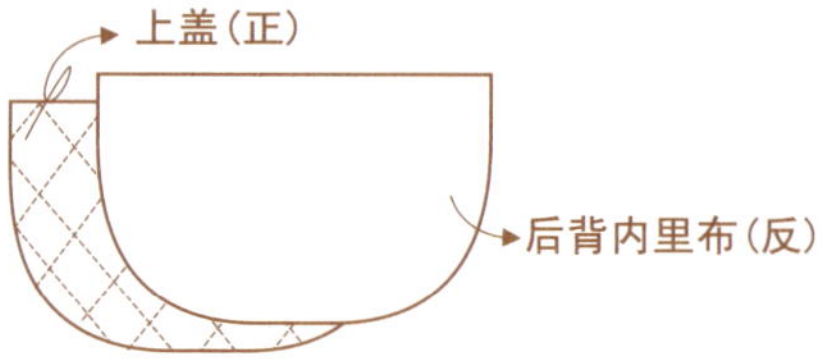

4. 背面口袋制作，利用图案布本身裁剪23cm×21cm尺寸，与后背布一起铺棉再滚边(滚边布：4cm×24cm)，利用毛线于口袋装饰图案。

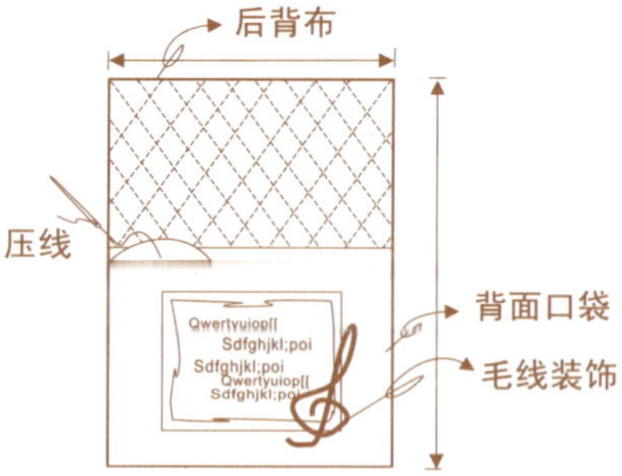

5. 将口袋与主布B疏缝后与主布A接合成一筒状。

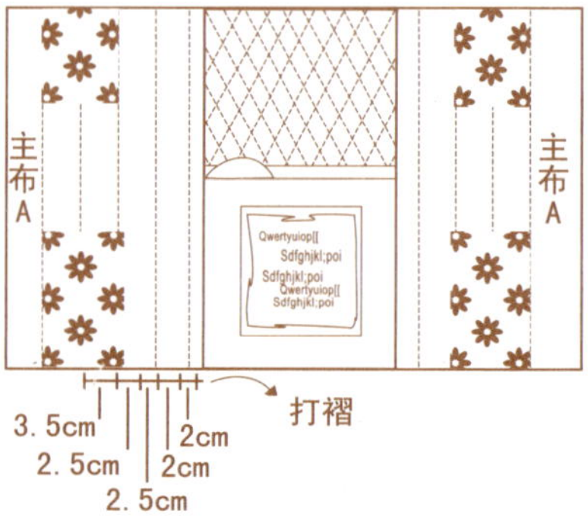

6 将主袋袋底向中心打褶。

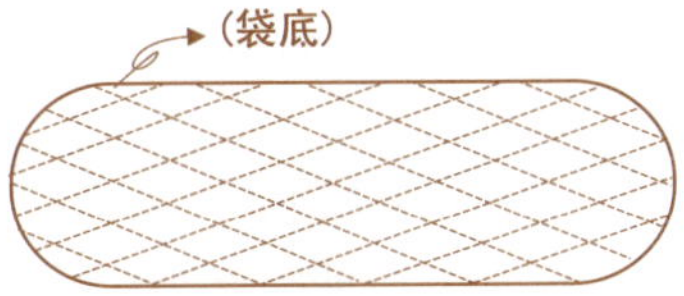

7 制作袋底布条，裁20cm×4cm布条4片，皆铺棉、压线，另外再裁20cm×4cm布条4片，各自中表，翻至正面。

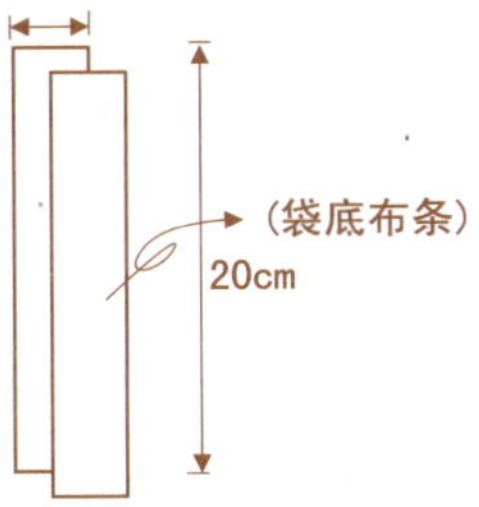

8 将4片袋底布条正中心点打一小洞安装皮带扣环，并车合于袋底口袋两旁，并接合底部。

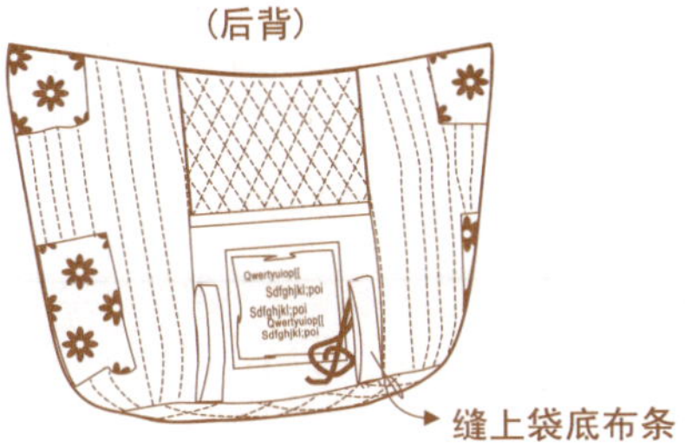

9 依版型位置装上鸡眼扣，共8个。

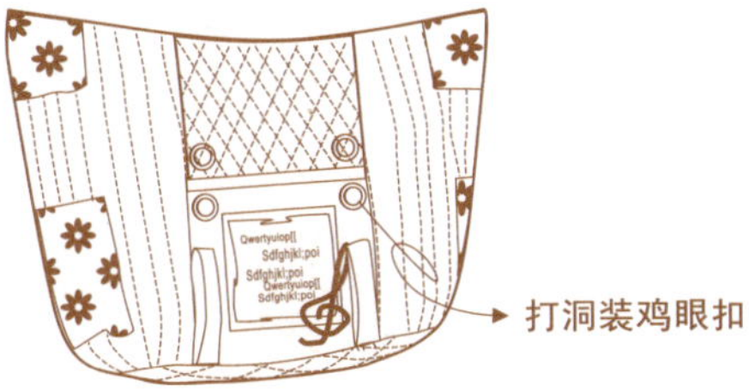

10 依版型裁剪制作内里。

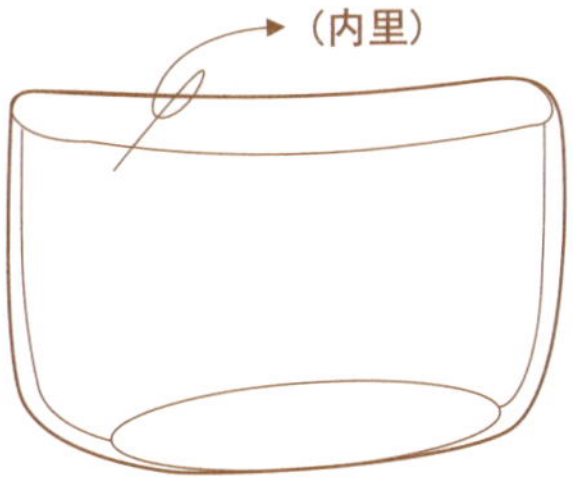

11 将上盖置于图示位置车合。

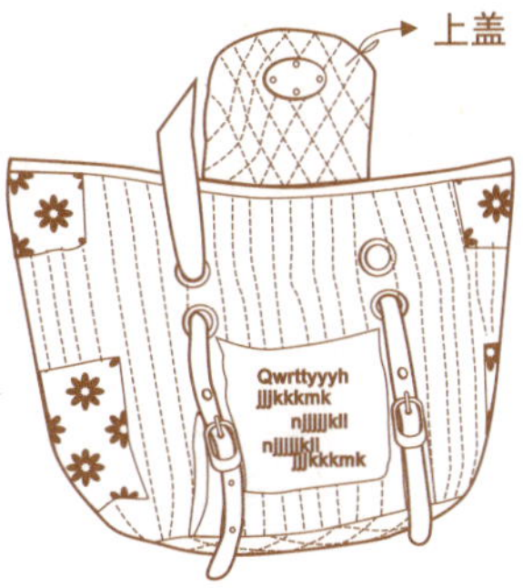

12 将内里套入主袋，袋口缝合一圈上滚边(滚边布的长度请量实际袋口尺寸周长)。

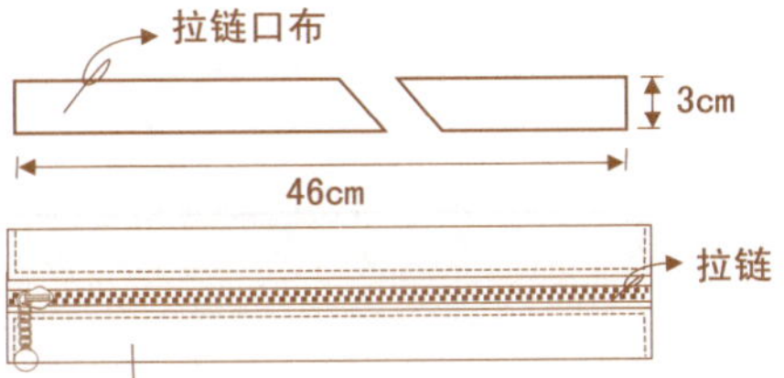

13

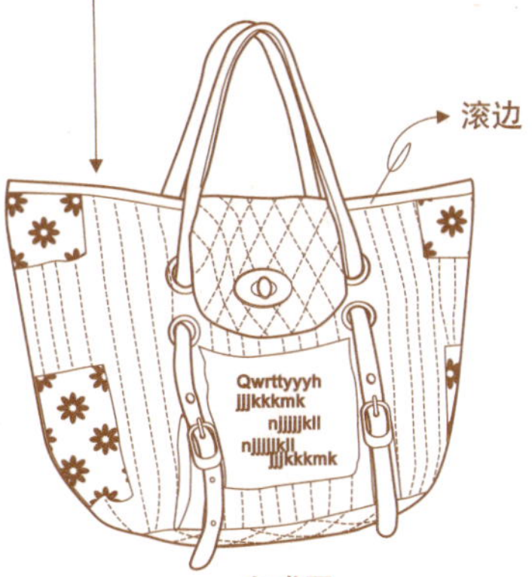

完成图

- 主布A：45cm
- 主布B：45cm
- 挡布：22cm×94cm(含1cm缝份)
- 内里：90cm
- 蕾丝：60cm
- 提手：5cm×66cm
- 拉链：40cm
- 滚边：4cm×110cm

1 依图拼接主布，正反各1片，铺棉、压线。

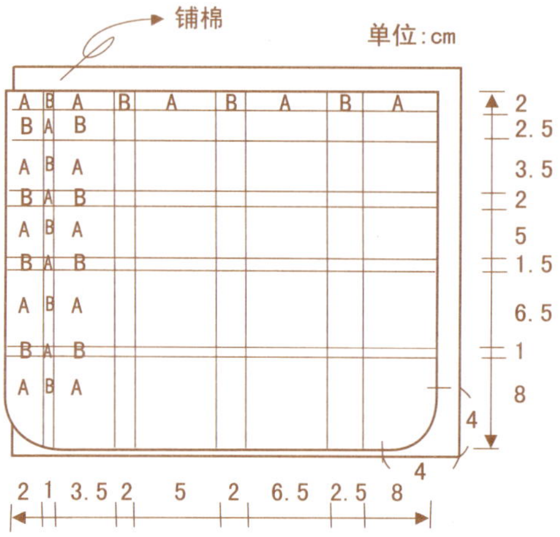

2 取侧挡布，铺棉、压线(45度3cm正方格)。

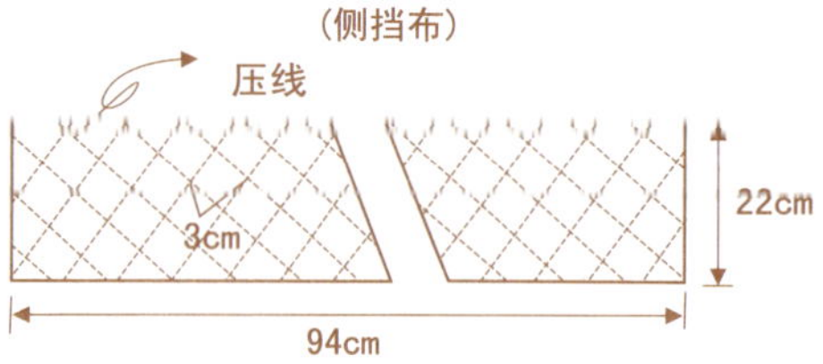

3 取宽织带车缝于侧挡布上。

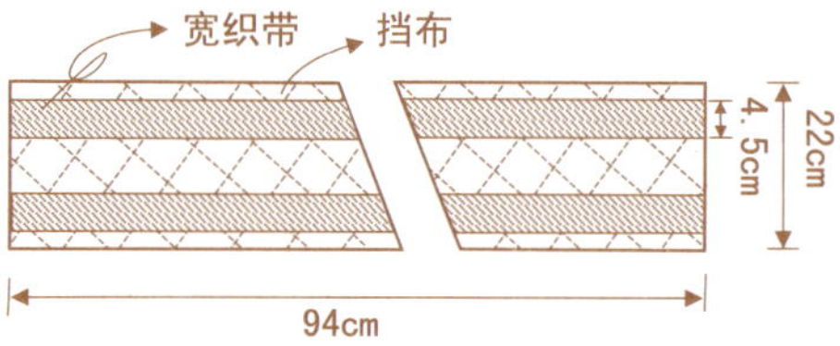

4 制作布相框：

材料：相框棉布：20cm×17cm 2块

铺棉：19cm×16cm 1块

纸板：16cm×13cm

两面接着胶带

4-1 相框棉布2块正面相对。

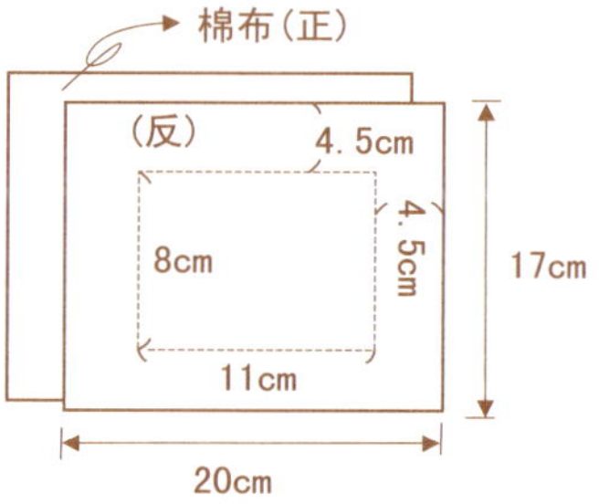

4-2 将纸板中间挖空(挖空尺寸：11cm×8cm)，步骤4-1加上铺棉与纸板。

a.

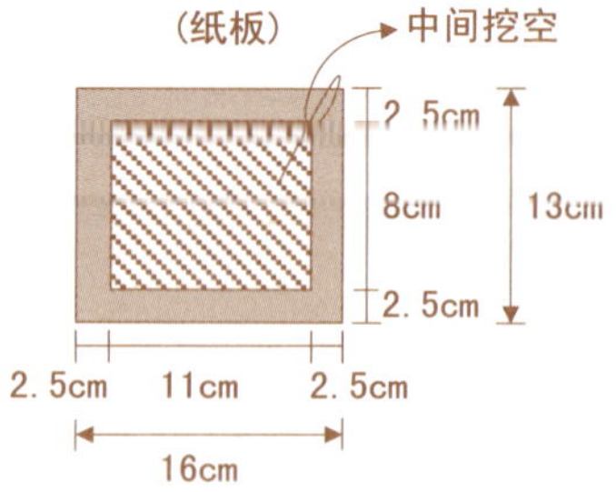

b.

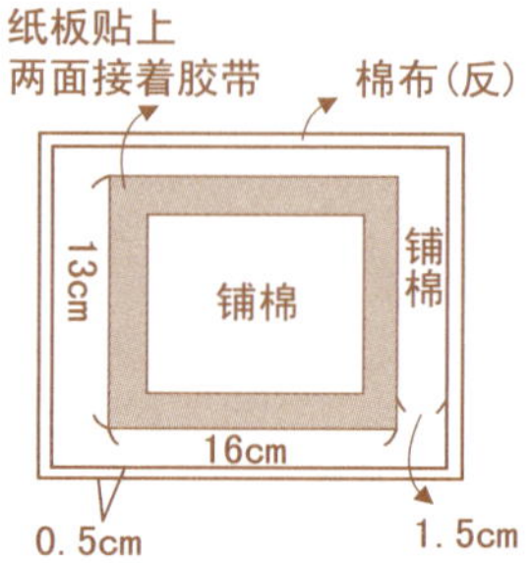

4-3 沿纸板内缘车缝一圈，如图将中央的布与棉剪掉(10cm×7cm)，并向四个角剪开45度角，快接近纸板处，但请勿剪到缝线。

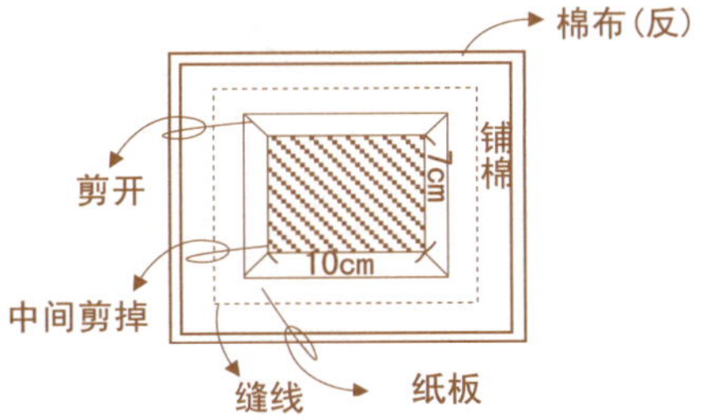

4-4 将步骤4-1的第一层棉布拉往中间挖空处，再向外拉出呈现包住纸板状，再依纸板大小折好布的缝份如图缝合。

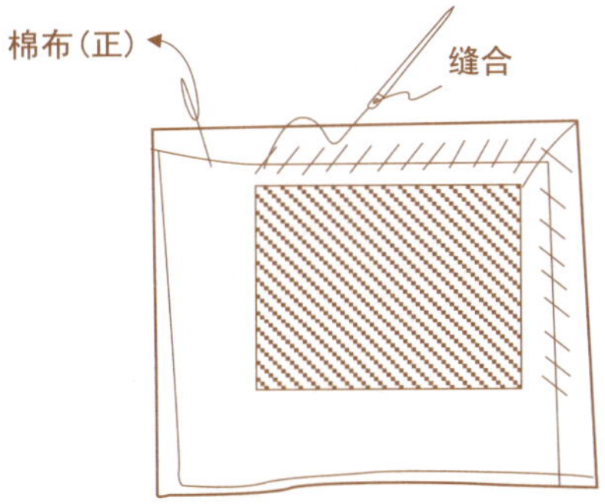

4-5 最后将蕾丝手缝至相框外围上即完成。

5 制作口袋：

5-1 材料：棉布A：9cm×12cm

棉布B：3.5cm×15cm2块、

3.5cm×9cm 2块

铺棉：12cm×15cm

内里布：12cm×15cm

蕾丝：约40cm

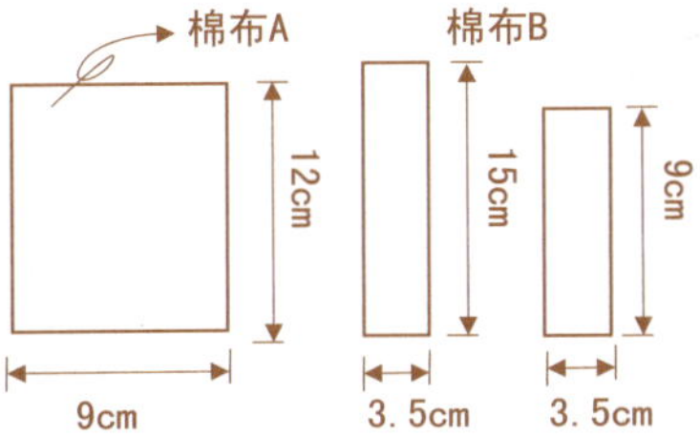

5-2 拼接棉布A、B如图，铺棉、压线，缝合蕾丝与内里布中表，留返口。

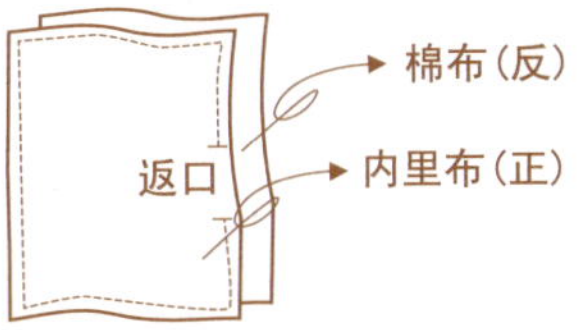

5-3 翻至正面，缝合返口，完成。

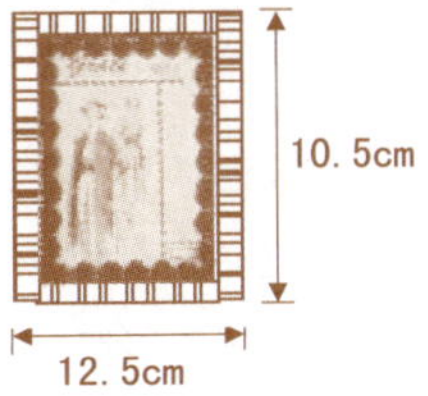

6 将布相框及口袋置放于喜好的位置，车合或手贴缝固定于主布。

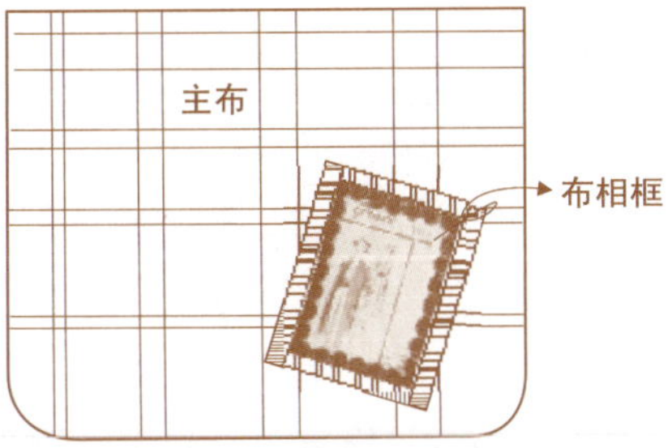

7 车合侧挡布与前、后主布。

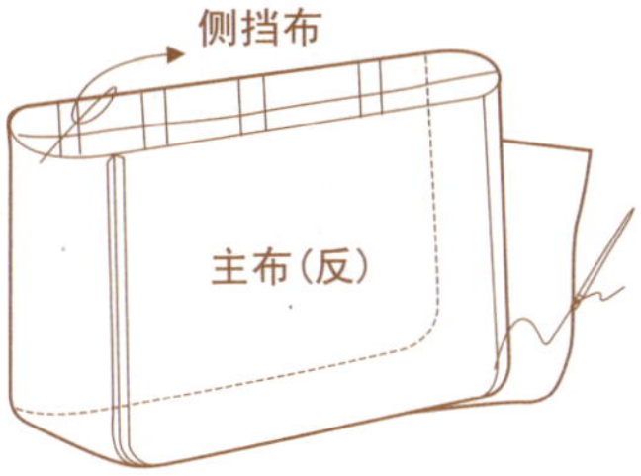

8 制作内袋，尺寸做法同外袋，再将内袋置于主袋中。

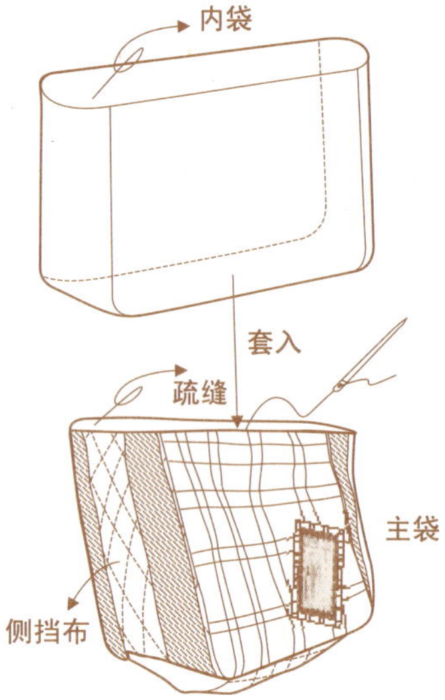

9 制作拉链口布：

9-1 5cm×44cm口布4片、胶棉5cm×44cm 2片。

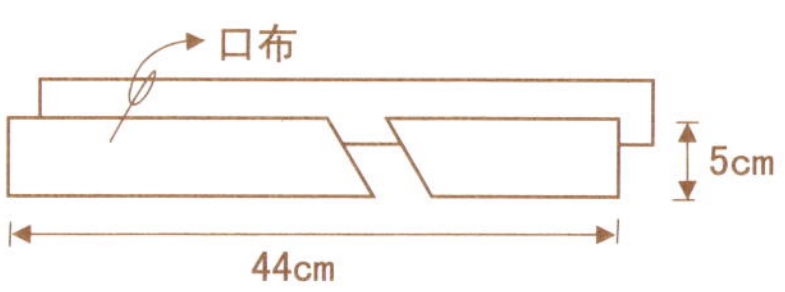

9-2 取口布2片，各自烫上胶棉。

9-3 取步骤9-2与另一片口布中表，中间夹合拉链，车合完成。

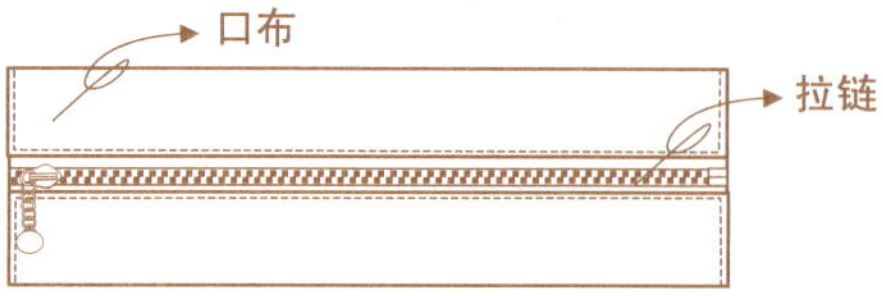

10 将拉链口布疏缝于袋口一圈固定。

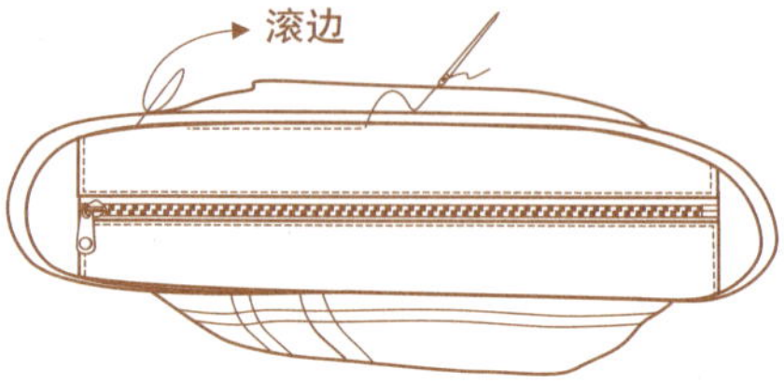

11 再滚边，缝上提手即完成。

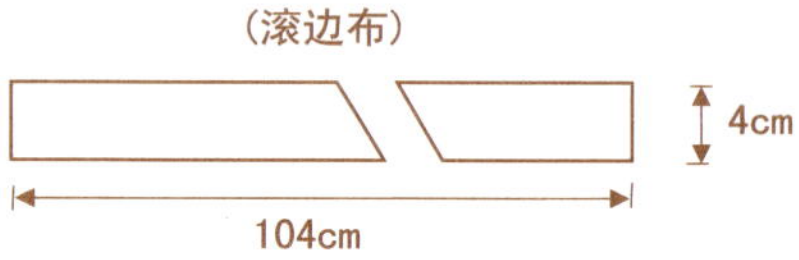

完成图